好习惯是这样养成的

徐先玲 梁淇 编著

中国商业出版社

图书在版编目（CIP）数据

好习惯是这样养成的 / 徐先玲，梁淇编著．—北京：
中国商业出版社，2017.10
　　ISBN 978-7-5208-0058-7

　　Ⅰ．①好… Ⅱ．①徐… ②梁… Ⅲ．①习惯性－能力
培养－儿童读物 Ⅳ．① B842.6-49

中国版本图书馆 CIP 数据核字 (2017) 第 231643 号

责任编辑：唐伟荣

中国商业出版社出版发行
010-63180647　　www.c-cbook.com
（100053　北京广安门内报国寺1号）
新华书店经销
三河市同力彩印有限公司印刷
*
710×1000 毫米　16 开　12 印张　195 千字
2018 年 1 月第 1 版　2018 年 1 月第 1 次印刷
定价：35.00 元
*　*　*
（如有印装质量问题可更换）

第一章　培养孩子学习的习惯························ 1

　　1. 四项最基本的学习技能 ················· 2
　　2. 学习什么 ···································· 5
　　3. 掌握有效的学习方法 ····················· 10
　　4. 激发孩子的学习兴趣 ····················· 12
　　5. 让孩子养成专心学习的习惯 ············· 14
　　6. 制订合理的学习计划 ····················· 17

第二章　培养孩子阅读的习惯························ 21

　　1. 阅读是一切学习的基础 ·················· 22
　　2. 让孩子掌握读书的方法 ·················· 22
　　3. 培养良好的阅读心态 ····················· 25
　　4. 如何让孩子善于读书 ····················· 26
　　5. 养成写读书笔记的习惯 ·················· 27
　　6. 如何提高阅读速度 ························ 29

第三章　培养孩子独立思考的习惯·················· 35

　　1. 青少年应敢于独立思考 ·················· 36
　　2. 请留些时间用于思考 ····················· 37
　　3. 正确思考：解决问题的关键 ············· 40
　　4. 如何培养独立思考能力 ·················· 42
　　5. 如何提高孩子的创造性构想能力 ········ 43
　　6. 积极思考，保持头脑灵活 ··············· 45

第四章　培养孩子创造的习惯…………………… 47

1. 人人都是创造之人 …………………………… 48
2. 别轻视小小的创意 …………………………… 50
3. 创意不以成败论好坏 ………………………… 52
4. 换一种方式去创造 …………………………… 53
5. 如何提高创造力 ……………………………… 55
6. 思维定势：创新思维的头脑枷锁 …………… 58

第五章　培养孩子合作的习惯…………………… 61

1. 杰出青年善于与他人合作 …………………… 62
2. 合作可以取长补短 …………………………… 64
3. 合作已成为人类生存的手段 ………………… 65
4. 人格魅力是与人合作所必须具备的 ………… 67
5. 努力培养自己的合作精神 …………………… 70
6. 道不同不相为谋 ……………………………… 71

第六章　培养孩子专注的习惯…………………… 73

1. 专注：成功的秘诀 …………………………… 74
2. 专注于一的精神更有助于成功 ……………… 76
3. 把精力集中在一个焦点上 …………………… 79
4. 无论做什么，都要竭尽全力 ………………… 83
5. 平生只挖一口井 ……………………………… 85
6. 循序渐进而非一蹴而就 ……………………… 87

第七章　培养孩子管理时间的习惯 …………… 89

1. 时间是衡量事业的标准 …………………… 90
2. 时间到底值多少钱 ………………………… 91
3. 学做时间的主人 …………………………… 93
4. 做善于挤时间的能手 ……………………… 94
5. 成为运筹时间的高手 ……………………… 97
6. 如何精确地安排时间 ……………………… 98
7. 充分利用时间的窍门 ……………………… 101

第八章　培养孩子理财的习惯 ………………… 103

1. 有钱并不等于幸福 ………………………… 104
2. 不要做金钱的奴隶 ………………………… 108
3. 欠债的人是奴隶 …………………………… 110
4. 宁可贫穷也要拒绝债务 …………………… 112
5. 帮助孩子认识"钱" ………………………… 114
6. 训练孩子有计划地消费 …………………… 117
7. 帮助孩子学会储蓄 ………………………… 120

第九章　培养孩子关注细节的习惯 …………… 123

1. 细节最能反映一个人的真实状态 ………… 124
2. 细节决定成败 ……………………………… 126
3. 细节中隐藏着成功的机会 ………………… 127
4. 细节改变命运 ……………………………… 130
5. 卓越源自细节 ……………………………… 132
6. 平凡成就大业 ……………………………… 133
7. 做好眼前的每一件事 ……………………… 139

第十章　培养孩子独立自主的习惯·················· 141

    1. 人，要靠自己活着 ·· 142
    2. 做人要自强自立 ·· 143
    3. 自立者，天助也 ·· 144
    4. 自强自立的人才能成功 ···································· 145
    5. 做自己命运的主宰 ··· 147
    6. 无人依赖正是自立的好机会 ····························· 149
    7. 如何摆脱依赖心理 ··· 151

第十一章　培养孩子竞争的习惯·················· 155

    1. 烦恼皆因"不出头" ······································· 156
    2. 有竞争才会成功 ·· 159
    3. 永远都坐在前排 ·· 162
    4. 竞争的规律 ··· 163
    5. 竞争的心态和策略 ··· 166
    6. 如何培养良好的竞争习惯 ································ 169

第十二章　培养孩子关注健康的习惯················ 171

    1. 健康的身体是一切的基础 ································ 172
    2. 健康和富足都是习惯的产物 ····························· 174
    3. 正确理解和把握健康的标准 ····························· 175
    4. 积极进行健康管理 ··· 179
    5. 合理饮食应该注意的问题 ································ 181
    6. 讲究用脑的卫生有利于健康 ····························· 183

第一章 培养孩子学习的习惯

好习惯是这样养成的

1. 四项最基本的学习技能

许多教育学家指出：现代社会的发展对"学会学习"提出了越来越高的要求。未来的文盲不再是不识字的人，而是没有学会怎样学习的人。这决不是危言耸听。"学会学习"，在这里意味着把握四项最基本的学习技能：读、说、写、做。

（1）学会读书

读书之事，由来已久。读书多少为宜？杜甫说："读书破万卷，下笔如有神。"可赵普却说："半部《论语》打天下，半部《论语》治天下。"这恐怕是我国最早的"一本书主义"。显然，这些说法都是有些夸张的。实际上，读书的数量以适当为界，以人的读书能力为限。

舍去专业的差别，就人才个体来说，读书宜多不宜滥，恐怕也可以看做是一个原则。宜多不宜滥，就是说读书要有个数量界限。这个界限应该根据所学专业和个人具体条件来划定。比如，有的学者就认为作为大学生，应以教材10倍的数量读书，这还比较现实，也比较合理些。这就是说，一个本科生，要学二十几门课，就应读与之有关的300册书为宜。

读书除去把握读字的数量外，还应该把握读书的技能。我们把读书的技能概括为三个结合：其一，读与思的结合。读书唯有经过思考、观察和实践，才能"读到糊涂是明白"。对于思考与读书的关系，古人议论很多。张载说："万物皆有理，若不知穷理，如梦过一生。"朱熹说："后生学问强记不足畏，惟思索寻究者为少畏耳。"鲁迅先生也说："倘只看书，便变成书橱，即使自己觉得有趣，而那趣味其实是已在逐渐硬化，逐渐死去了。"因此，为防止读书硬化，甚至逐渐死去，第一就是要思索。其二，读与问的结合。提问是解决问题的一半。凡有创造者，无不从发问始。创造者，必然心思细密，却又眼光锐利，他能够看出问题，于是发而问之。无论什么权威，不明白的就要问，问不倒的权威才是真权威，问清楚的答案才是真道理。其三，读与做的结合。读书应与实干相结合。读而不做，时间长了，就会呆头呆脑，自己看别人不明白，别人看你也有点奇怪。现代的人才，不但要有知识、有文化，而且要有技术、有实际工作能力。如此这般，才能学海无涯，书山有路，将古往今来的优秀书籍化为人生丰富的营养。

（2）学会语言

我们知道，就一个国家的文化水平和文化结构来说，语言是一个非常重要的方面，而社会成员的独白能力如何，又是社会文化进步程度的一个重要标志。独白语言是一个人独自进行语言活动的一种语言形式。我们认为，学会语言就是要学会和掌握独自语言的三要素：立论正确，言之成理；感情真挚，以情动人；讲究技巧，深入浅出。技巧很难一言而尽，从最低的标准讲大致包括：语言完整，晓畅明达，逻辑清楚，首尾相顾，结构合理，节奏适宜，手势得当，声音清楚，还要能够进行即兴发挥以及可以比较顺利地回答问题。

（3）学会写作

写作能力在古代是很重要的。古人称："文章能事。"我国的学校教育，从小学到大学都设有写作课，就可见其重要。那么，如何学会写作呢？有学者

将其概括为：第一，勤写。懒于动笔，是最要不得的事。欲使自己提高写作能力却懒得动笔，是不可能学会写作的。第二，要有较高的标准。散散漫漫是学不好写作的。目标既不高，要求也不严，错别字也不在乎，文法不通也不重视，结构不好也无所谓，这样写出来的文章是绝对不会受欢迎的。第三，多读名著，精研范文。不多读好文章，脑子里没有丰富的词汇，写起文章来就会语言贫乏，辞藻生涩。而且好文章有一种口不能言的好处，只有烂熟于胸，才能充分体味其绝妙，日后提起笔来，那种写作的神韵也会油然而生。第四，善于改写文章。人说文章是改出来的，古人把它概括为"语不惊人死不休"。现在看来，这仍然是锤炼文字的座右铭。

（4）学会操作

操作技能，指的是对高科技产品的实际操作和对现代科技知识实际应用的能力。这种能力对现代社会生活的影响日益显著。曾风行世界的《第三次浪潮》，作者的资料来源主要是对各种报纸和杂志的剪裁，而通过重新剪裁和编排后的资料，却出现了一个个极深刻的思想，展示给世人一个全新的视野，这就是一种高超的操作技能，一种艺术的创造能力。因此，经济合作与发展组织国家，都十分重视促进公众接受多种操作技能的训练，特别注重掌握学习的能力，以提高人力资本的素质。对现代青少年来说，掌握这些操作技能是十分必要的。

①学会计算机

计算机与我们的日常生活已须臾不可分离，已成为完成日常工作的一个重要组成部分。不会计算机，将很难在现代社会中立住脚。

②学会掌握资料

掌握资料，就能掌握社会的最新发展动态，这对于寻找成才机会是十分重要的。资料的整理和积累是一门学问。资料本身是客观的，但掌握哪些资料，利用哪些资料，如何整理和编排资料，却体现了一个人对自己专业方向的把握、对掌握有用信息的灵敏以及对资料的综合运用能力。

③学会调查研究

在现代社会中，无论是决策还是管理，无论是制订计划，还是处理各类问题，都需要了解情况。了解情况就是调查。因此，学会调查研究是青少年制订学习、生活计划不可缺少的基本功。

知识链接

论　语

　　《论语》由孔子弟子及再传弟子编写而成，至汉代成书。主要记录孔子及其弟子的言行，集中地反映了孔子的思想，是儒家学派的经典著作之一。以语录体为主，叙事体为辅，集中体现了孔子的政治主张、伦理思想、道德观念及教育原则等。全书共20篇、492章，首创"语录体"，是中国古代经典著作之一。

杜　甫

　　杜甫（712—770），字子美，汉族，襄阳人，后徙河南巩县。自号少陵野老，唐代伟大的现实主义诗人，与李白合称"李杜"。为了与另两位诗人李商隐与杜牧即"小李杜"区别，杜甫与李白又合称"大李杜"，杜甫也常被称为"老杜"。杜甫在中国古典诗歌中的影响非常深远，被后人称为"诗圣"，他的诗被称为"诗史"。后世称其杜拾遗、杜工部，也称他杜少陵、杜草堂。杜甫的思想核心是儒家的仁政思想，他有"致君尧舜上，再使风俗淳"的宏伟抱负。杜甫共有约1500首诗歌被保留了下来，大多集于《杜工部集》。

2. 学习什么

　　为了进行有效的学习，为将来的发展奠定良好的基础，学什么是一个人在成长过程中首先要解决的问题。专家指出，与青少年成才密切相关的学习内容为：
　　（1）智力学习
　　智力就是人们通常所说的智慧和聪明。它是保证人们有效地进行认识活动的那些比较稳定的内在心理特征的有机结合。一般来说，在青少年的成才活动中需要培养的智力包括观察力、记忆力、思维力、想象力、注意力五个方面。

观察力是智力活动的门户。观察力的培养对青少年的学习与成才十分重要，但观察力的培养并非易事。青少年在观察力的学习与培养过程中，既要学会观察事物的全貌，又要学会观察事物的各个组成部分；既要观察事物发展的全过程，又要观察事物发展的各个阶段；既要观察事物的相似之处，又要观察事物的细微差别；既要观察事物比较明显的特征，又要观察事物比较隐蔽的特点。法国著名作家莫泊桑说过，要使自己对事物有更深的洞察力，"对你所要表现的东西，要长时间很注意地去观察它，以便发现别人没有发现过和没有写过的特点"。

记忆力是智力活动的仓库。人们智力结构中的诸要素都离不开记忆力。培养记忆力，首先是要增强记忆力的敏锐性、正确性、持久性和备用性；同时也应当借助思维的帮助，通过思维，加强对知识的理解，建立起必要的联想，这是通向记忆的坚实之路。还要正确对待遗忘，一方面要掌握遗忘的规律，同遗忘作斗争；另一方面只有遗忘掉那些不必记住的东西，才能牢记那些必须记住的东西。

思维力是智力活动的核心。如果失去思维力，那么观察力、记忆力、想象力和注意力的作用都无从发挥。青少年在学习的过程中，一定要"善于思考、思考、再思考"。有人曾把青少年的学习分为三种不同的水平：记忆的学习水平、理解的学习水平和思考的学习水平。第一种水平只求记住学习的材料，甚至不惜死记硬背。第二种水平则要求弄懂学习材料的意义，力求融会贯通。第三种水平是以问题为中心，通过积极思考，力求发挥自己的创造性，主动去解决问题。应该说，在青少年成长的过程中，这三种水平的学习都是客观存在的，但就实际的情况来看，还是第一、第二种水平的人占多数，第三种水平的人数为少。因此，对处于

前两种水平的人而言，要努力把自己提高到后一种水平上来，否则，成才之路会变得暗淡失色。因为"思维着的精神"是"地球上最美的花朵"。

想象力是智力活动的翅膀。想象力的作用，在于使人的智力奔放起来，飞腾起来，培养想象力，就要不断增强想象的丰富性、新颖性和独创性。但是我们又不要去做那种毫无根据、完全不着边际的胡思乱想。想象，只有同现实紧密联系才富有创造性，才是真正难能可贵的，才是成才过程所必需的。

注意力是智力活动的维护者。注意力的作用在于使心理活动指向、集中或转移到某种客观事物上。人们的一切智力活动，包括观察、记忆、思维、想象，都只有在注意力的参与下，才能有效、顺利地进行。因此，青少年在自己的学习生活中，必须善于掌握和调整自己的注意力。

（2）能力学习

能力就是人们通常所说的才能和本事。它是一个人运用知识和智力成功地进行实际活动的本领。在青少年的成才过程中，应当培养以下四种最基本的成才能力：

第一，自学能力。自学能力就是按照自己的意图、依靠自己的力量主动去获取知识的能力。自学能力包括的内容是多方面的，比如，从实际出发正确制订学习计划，恰当安排学习时间，掌握科学的读书、听课方法，学会积累资料和使用工具，及时总结经验，不断提出新的学习目标，等等。随着社会发展以及对终身教育要求的提高，人们的自学能力就显得越来越重要。无论是现在还是将来，对自学能力的培养，是成才过程中一项根本性的建设。

第二，创造能力。创造能力，指的是在学习前人知识、技能的基础上，提出创见和做出发明的能力。在成才所应该具备的各项能力中，创造能力是核心。缺

乏创造能力的人，只能永远跟在别人后面爬行。但是，目前我国的学校教育中，对学生的创造力培养是十分薄弱的。一些外国学者在评价中国学生时，也不乏中肯的批评：东方的学生有一个共同的特征，考试能力强，独立精神弱；知识量不少，创造力较低。这些话值得我们深思。

第三，表达能力。表达能力就是以口头或书面的方式表达自己的思想、认识和情感的能力。培养表达能力，关键在于提高表达的准确性、鲜明性和生动性。准确是表达的基本和首要的条件，表达不准确，信息就无法从口中和笔下如实传递出去，也就完全失去了表达应有的作用。表达也需要鲜明和生动，只有这样的表达，才能更好地排除人们接受信息时的各种障碍，有利于表达目的的实现。

第四，组织管理能力。组织管理能力，是把人群组织起来有效地完成某种任务的能力。这种能力不仅领导者、管理者应当具备，各行各业的从事社会活动的业务人员同样应该具备。在许多业务活动中，常常会遇到一个统一人们的意志、协调人们的行动的问题，没有一定的组织管理能力是根本不行的。所以，青少年在学习过程中，要通过各种方式锻炼和提高这方面的能力。

（3）科学文化知识的学习

科学文化由三个基本的层次组成：第一个层次是器物层次，比如新的技术、设备和物质产品等。在现代社会生活中，不会使用科技产品和高科技工具，很难立得住脚，更不用说有所作为了。第二个层次是制度层次，制度层次的科学文化，主要体现在社会各个领域的体制和组织管理的一系列变革中，其中最重要的就是强调科学人才在各个领域中的比重。制度层次科学文化的深入发展，将为成才者提供制度上的保障。第三个层次是价值观和行为规范层次的科学文化。这一层次的科学文化集中体现在由近代科学技术发展所提倡的科学精神中，比如批判、创新、理性、规范、求真、献身、公平、宽容、效率、协作等科学精神，这些精神不仅为近代科学技术的持续发展提供了重要思想理论基础，也为走向知识经济时代的成功者提供了宝贵的精神基础与思想前提。每一个青少年都要努力学习知识经济所带来的一切科学技术成果，全面提高自身素质，迎接知识经济的挑战，在知识经济时代中成才。

（4）品德学习

很早的时候，史学家、文学家、思想家就提出了德、识、才、学、体是成才的五大内在因素，而"德"为五大因素之首。品德是成才的根本保证，这一点古今中外学者都一致认同。"德薄者，终学不成也。"道德作为一种知识，需要长期的追求，才能成为人内在的品德素质。品德包括一般品德和劳动品德。一般品德指在日常学习、生活中所表现出来的道德品质，如爱国、爱民、爱公、民主、团结、守纪、礼貌、谦虚、助人、尊重、守信、诚实、勇敢、勤劳、正直、律己等。劳动品德指在进行创造活动的过程中所表现出来的道德品质，如为民造福、严谨认真、坚持真理、团结协作、热爱事业、艰苦探索等。这两个方面并不是截然分开的，两者之间相互渗透，共同对人的成长产生影响。

（5）个性学习

个性，是指一个人在生活、生产活动中表现出来的比较稳定的、带有一定倾向性的特征，比如坚定性、灵活性、敏捷性、严谨性、独立性、主动性、专注性、灵活性等。人的成长不仅与智力有关，而且与非智力的个性因素有关。高尔基在《遗传的天才》一书中提出：热情、勤奋等品质是构成天才的重要因素。特尔曼则认为：成就的75％取决于进取心、自信心和坚持力等人格特征。我国学者也认为：成功离不开良好的个性品质，如目标坚定而远大、兴趣广泛而执著、情绪积极而稳定、有好奇心和求知欲、有道德感和美感、有坚持力和自制力、有自信心和进取心、有独立性和创造性、富有幽默感等。个性心理品质虽然有一定的遗传因素，但更多的是在后天的学习中培养出来的。因此，个性学习是青少年成才中一个必不可少的学习内容。

知识链接

高尔基

玛克西姆·高尔基（1868—1936），原名阿列克赛·马克西姆维奇·别什可夫。前苏联作家、诗人，评论家，政论家，学者。高尔基于1868年3月16日诞生在伏尔加河畔下诺夫戈罗德镇的一个木匠家庭。1906年，高尔基受列宁的委托，由芬兰去美国进行革命活动，在美国出版著名长篇小说《母亲》。1936年6月18日，高尔基因病去世。

3. 掌握有效的学习方法

学习要讲究方法，不讲方法死读书，就算读一辈子也没有任何价值，更不用谈成功了。

学习的方法有多种，我们可以归结为以下几个方面：

（1）兴趣法

"好知之不如乐知之"，就是说我们越喜欢某一事物就越喜欢接近和接纳它。

兴趣是人们行动的一种动力。只要对某些知识产生了兴趣，就会主动去理解、记忆、消化这些知识，并会在这些知识的基础上总结、归纳、推广、运用，从而做到精益求精、推陈出新，从而推动整个社会向前发展。因此，我们在学习某一知识之前，首先要建立对它的兴趣，以达到掌握它的目的。

（2）理解法

人都有对事物进行判断的能力，对某一事物或某一知识有认识，就会很容易地把它变成自己的知识，否则，就需要花很大的工夫。比如说"井底之蛙"这一成语，我们可以想象，一只健康的青蛙坐在一口深井里，眼睛直瞪瞪地望着井口发呆，而井口外面是白云、蓝天，井底则有青草、水、昆虫。虽然这只青蛙本身健康，不愁吃喝，然而它却呆呆的，为自己见不到外面的大好风景而发愁。这样一理解，"井底之蛙"的含义就非常清晰了。

（3）联系法

自然界中的一切事物都不是孤立的，而是普遍联系的，正如自然界的食物链：兔吃草，而兔又被鹰或狼吃，狼又被虎吃，而鹰和虎死后，其尸体又腐败变质，供草吸收其营养成分。在这几种动植物之间，就形成了一个食物链，它们就构成了互相联系的一个整体。如果草绝，则兔就会亡，反之，如果兔多，则草就会被大量食用，当草被食用过多时，兔就不免缺少食物而亡。这充分说明，自然界的万事万物，是一个普遍联系的整体。知识，正是人类在长期改造自然的过程中发现的，因此，各种知识间也是相互联系的。当我们对某一事物缺乏了解和认识时，我们就可以从与其有联系的事物中来认识它。

（4）联想法

人类区别于其他动物的根本，就在于人有思维。有了思维，人在客观的自然和社会面前就不是无动于衷、无可奈何了，而是能够积极地促成条件，来解决问题，而联想正是人类充分发展的一种象征。

在我们的学习中，联想能使我们更好地掌握知识。

历史课本中的数字枯燥无味，但是，有些事件是和这些数字紧密联系的。因此记数字就可以与这些历史事件联系起来记，这样就避免了数字之间的相互干扰，同时也增加了学习的趣味性，起到了双重效果。

（5）对比法

在学习中，当两个概念或事物的含义相似的时候，我们往往容易混淆，而在这个时候，运用对比法就能够搞清楚二者之间的明显区别。也就是说，它们相同的地方我们暂且不讲，我们只比较它们之间不同的地方，这些不同的地方，就是某一事物的独特特征。理解了这些独特特征，也就抓住了这一事物的本质，从而也就能掌握这一事物的有关知识。

（6）复习法

人的大脑对知识的识记是有一定规律的，教育学家们曾用遗忘曲线做了一个形象的说明，指出如果在你遗忘之前去复习、巩固它，那它就能迅速恢复并牢固记忆。孔子所说的"温故而知新"，是非常有道理的。

4. 激发孩子的学习兴趣

"和其他的孩子一样，小雨小时候也并不是特别爱好学习。"小雨的父母后来回忆说。大家都夸小雨聪明，小雨父母倒觉得，小时候她和其他孩子的差别并不是很大，无论从智力上，还是对学习的兴趣上。像大多数家长一样，在小雨一两岁的时候，父母就给她买了很多的书，像什么《唐诗300首》《幼儿数学》《十万个为什么》等等，一有空闲的时候，就给她灌输，但是她并没有表现出多么大的兴趣。往往是父母一边讲，她一边玩，东张西望，心不在焉的，根本不感兴趣。"小雨，给爸爸背背昨天教你的那首诗，好吗？"小雨摆弄着玩具。"鹅，鹅，鹅……"爸爸提醒道。小雨还是不理，把玩具举起来，突然说："爸爸，我要好多好多的玩具！"

小雨倒是挺喜欢小汽车的，整天拿着个小汽车摆弄，可这有什么用？"爸爸，汽车为什么4个轮子？"一天，小雨举着小汽车问。"4个轮子才稳当嘛。"爸爸一边看报纸，一边随口说道。"那，三轮车为什么是3个轮子？""有3个轮子，也就稳当了。"爸爸有些不耐烦，因为他正在看一条重要新闻。"那，自行车怎么只有两个轮子？"爸爸放下了报纸，有些吃惊又有些尴尬地看着小雨，小雨正睁大眼睛看着他。父女对视了一分钟，爸爸才缓过神来。

从小雨乌黑但充满了疑问的大眼睛里，爸爸像是看到了什么！"这不就是几何的几个基本原理吗？"爸爸的脑子里像有个小火花跳跃了一下，当然，这只是实际生活中的几个小小的疑问而已，但正因为是实际的，不是比教学上的理论更鲜明、更活泼吗？爸爸知道该怎么做了，像是大梦初醒一般！"好孩子，"爸爸一把把小雨扯到怀里，"来，爸爸给你讲！"爸爸就用最浅显的话，认认真真地给小雨讲着。令爸爸感到特别高兴的是，这次小雨竟然一动不动，昂着脑袋，老老实实地听着爸爸的话，既不乱讲话，也不做小动作了。调皮、不爱学习、不会背"鹅鹅鹅"的小雨，现在多么像一个好学生啊！

　　这件事情给小雨父母很大的启发，那就是：兴趣是最好的老师。以前听这句话，父母还不太相信，兴趣？她根本不去学习，哪里来的兴趣？她哪里知道学习的兴趣？难道，只是吃啊玩啊这些兴趣？现在，小雨父母明白了，兴趣不仅仅存在于课本中、课堂上，更多的是存在于现实生活中。

　　从此，小雨父母也开始发现，小雨原来是个很爱学习的孩子：她老是在不停地提问。"爸爸，为什么天是蓝的？""妈妈，为什么海水也是蓝的？""为什么喝的水，洗脸的水，没有颜色？"以前，小雨父母会觉得烦，要么胡乱说说，要么搪塞不理——其实，还有一个原因，有的东西他们也不知道。这是不是大人的虚荣心在作祟呢？看来得好好看看《十万个为什么》了。后来，他们就把一切地方都当做了小雨的大教室。

　　就这样，小雨父母认真地对待小雨的各种问题，能解决的就解决，不能解决的，一面让她自己考虑，一面自己补习各种知识，然后再告诉她。小雨的"求知态度"得到了认真地回答，求知热情也就更加高涨起来，不断地提问，也在不断地获得知识。

　　如何激发孩子的学习兴趣呢？

　　（1）让孩子从学习中不断感受到乐趣。对未知的探索、对新知识的渴求，和我们旅游爬山一样，登得越高就看得越多越远，从而充满着获得知识的快乐。当孩子尝到这种乐趣后，即使管得严些，孩子也容易接受了，因为孩子从中感到了快乐。

　　（2）让孩子从努力中不断体验到成功。学习是一个苦差事，如果只是一味地苦读，得不到一点收获成功的回报，时间长了势必会厌倦。所以，对孩子的点滴进步和成功，我们都应看到并给予适当的表扬或鼓励，哪怕是一句"今天很不错"的话。让孩子体验到成功的快乐，从而自己激励自己再下苦功夫去争取更大的成功。

　　（3）要帮助孩子在奋斗中不断瞄准新的目标。带孩子登山，我们会经常指着前面某一处说，加把劲爬到那里歇一会儿。每项作业，每次考试，每个寒暑假，父母都应该帮助孩子定出应完成并且努力后能完成的目标来。如今天作业争取八点前做完，这次考试力争平均分数达到80分，比上次高2分等。让孩子学习有目标、有奔头，这样不仅让孩子从目标完成上感到的压力转为动力，更能让孩子从努力超前或超质量完成目标中经常体验到成功，为以后达到更高的人生目标打好基础。不过在目标设置中一是防止要求过高，孩子努力了也完不成，他又何必去努力呢；

二是不能随意在孩子已完成目标后再加码，让孩子感到我努力了反而会有更多的作业在等着我，与其这样，不如慢慢做。

（4）鼓励孩子参加课外活动小组。课外活动实践，可以使孩子切身感受到知识的不足，需要进一步学习。如孩子对数学没有兴趣，鼓励孩子参加数学兴趣小组，多做数学趣味题，就会激发孩子学习数学的兴趣。

知识链接

比尔·盖茨

比尔·盖茨（Bill Gates），全名威廉·亨利·盖茨三世，简称比尔或盖茨。1955年10月28日出生于美国华盛顿州西雅图，企业家、软件工程师、慈善家、微软公司创始人。曾任微软董事长、CEO和首席软件设计师。2000年，比尔·盖茨成立比尔和梅琳达·盖茨基金会。

5. 让孩子养成专心学习的习惯

比尔·盖茨从小就表现出惊人的专注力，加上家庭的引导和培养，使其长大后能长期痴迷于计算机。孩子好奇心强，可能对许多事物都有兴趣，但往往很难专注于某事，浅尝辄止，结果一事无成。有的父母也存在浮躁心理，喜欢攀比，见别人的孩子学啥，也要让自己的孩子学，恨不得天下所有的知识都要孩子知晓，所有的技能、特长都要孩子掌握。这只会造成孩子看起来什么都会，却无一技之长。孩子可能对许多事都有兴趣，但往往很难专注于某事——未全身心地投入进去，永远只能在目标的外围徘徊，很难达到很高成就。

我国伟大的地质学家李四光曾闹过一个笑话。据他的女儿回忆，有一天，时间已很晚了，李四光还没有回家。女儿来叫他回家吃饭，谁知他却一边专心地工作，一边亲切地说："小姑娘，这么晚了还不回家，你妈妈不着急吗？"等到女儿再次喊"爸爸，妈妈让你回家吃晚饭了"时，他一抬头，不由地笑了，小姑娘不是别人，正是他自己的宝贝女儿。

我们也都听说过，我国的大数学家陈景润一边走路，一边想他的数学问题，不知不觉中和什么东西撞上了，他连声说对不起，却没听到对方应声，抬头一看，原来是棵大树。

为什么这些大科学家会发生这样的事呢？原因很简单，因为他们一心想着自己热爱的科学上的问题，对他们所思考的科学问题反应清晰，对于这些问题之外的事情一点也没考虑，没有在意。这就是他们闹笑话的原因。

只有聚其精、会其神，孩子才能取得成功，而孩子能否集中精力则与父母的教育、教养的态度和方法是分不开的。正所谓，成功孩子的背后总会站着伟大的父母。因此，要想提高孩子的学习成绩，培养和开发他们的智力，第一步就要注意培养和训练他们的注意力，养成专心致志的习惯。要不然，其他的训练只能是事倍功半，甚至徒劳无功。

（1）培养孩子善于集中自己的注意力。这对任何一种劳动，尤其是脑力劳动具有很大的意义。能做到注意力集中的孩子，不但完成作业比较快，而且完成得比较好，效率高。那些作业马虎、粗枝大叶的孩子主要是因为注意力不够集中，没能仔细地看准习题的要求和条件。而且，善于集中注意力的孩子学习起来比较省劲，效果比较好，也因此有更多的时间来休息和娱乐。

（2）给孩子一个安静整洁的学习环境。孩子的书桌上除了文具和书籍外，不应摆放其他物品，以免分散他的注意力；抽屉柜子最好上锁，免得他随时都可能打开，在没完成作业的情况下去清理抽屉；书桌前除了张贴与学习有关的如地图、公式、拼音表格外，不应张贴其他吸引孩子注意力的东西。女孩的书桌上也不应放置镜子，这会使她有时间顾影"自美"或"自怜"，更不能允许孩子一边看电视，一边做作业。

（3）要求孩子在规定的时间内完成作业。如果作业太多，可以分段完成。有的父母因为孩子的注意力不够集中而在旁边"站岗"，这不是长久而行之有效的办法，因为长期这样，会使孩子产生依赖心理。此外，孩子的注意力跟情绪有很大关系，因此父母应该创造一个平和、安宁、温馨的学习环境。声音嘈杂的环境、杂乱无章的屋子、不正常的家庭生活，所有这一切都严重地影响着孩子的注意力。同时，父母应该了解，能否集中注意力也与孩子的年龄有关。研究表明，注意力集中的时长分别为：5~10岁孩子是20分钟，10~12岁孩子是25分钟，12岁以上孩子是30分钟。因此，如果想让10岁的孩子60分钟坐在那里去专心地完成作业，几乎是不可能的。

（4）让孩子在一定时间内专心做好一件事。常听有些父母说："我的孩子做事效率低，做作业动作慢，一边写一边玩。"父母要注意培养孩子在某一时间内做好一件事的能力。对于家庭作业父母要帮他们安排一下，做完一门功课可以允许休息一会儿，不要让孩子太疲劳。有些父母觉得孩子动作慢，不允许孩子休息，还唠叨个没完，使他们产生抵触心理，效果反而不好。

（5）对孩子讲话不要总是重复。有些父母对孩子不放心，一件事总要反复讲几遍，这样孩子就习惯于一件事反复听好几遍。当老师只讲一遍时，他似乎没听见或没听清，这样漫不经心地听课常使得孩子不能很好地理解老师讲的内容，无法遵守老师的要求，自然也就谈不上取得好的学习效果。父母对孩子交待事情只讲一遍，是培养孩子注意力的一种方法。

（6）训练孩子善于"听"的能力。"听"是人们获得信息、丰富知识的重要来源。会听讲对学生来说是相当重要的，因为老师多半是以讲解的形式向学生传授知识。父母可以通过听来训练孩子的注意力，比如父母可以让孩子听音乐、听小说，鼓励孩子用自己的话来描述听到的内容，从而培养专心听讲的好习惯。

知识链接

李四光

李四光（1889—1971），字仲拱，原名李仲揆。湖北黄冈人，蒙古族，地质学家、教育家、音乐家和社会活动家，中国地质力学的创立者，中国现代地球科学和地质工作的主要领导人和奠基人之一，新中国成立后第一批杰出的科学家，为新中国发展地质、石油等方面作出卓越贡献。2009年当选为100位新中国成立以来感动中国人物之一。

6. 制订合理的学习计划

好的学习者能够有重点地进行系统学习，这就需要合理制订计划，科学安排时间。这一点对学生尤为重要，但很多学生就是糊里糊涂地过日子，摸摸这个，又碰碰那个，或者完全从兴趣出发，或者干脆将学习任务堆起来，一直拖到不得不完成时为止。

一个好的时间表可对学习做整体统筹，从而可以节约学习者的时间和精力，提高学习效率。一般的学习者经常将时间浪费在做决定上，整日考虑学什么，什么时间学，要搜集什么样的材料，以至于难以迅速进入学习状态。一张好的时间表即可避免这些情况。并且，时间表可将日常学习细节变成习惯，使学习变得更为主动。此外，没有时间表的指导，就极可能将应该认真学习的时间耗费在消遣上，比如看电视、翻杂志、喝茶和闲聊，等等。

时间表的益处还在于，它能够帮助学习者将各项学习活动的规律和学习时间完美结合起来。

一个好的学习者须经常问问自己，制订了本学年的学习计划了吗？有假期的功课表吗？每天要做什么事情，自己都很明确吗？制订学习计划时，和家长或老师商量了吗？睡觉、起床、运动、游玩等活动按时进行了吗？经常检查一天的时间利用效果吗？

如果对这些问题的回答都是肯定的，那么时间利用得很不错，是一个计划性很强的学习者；反之，就需要认真考虑该如何制订计划，安排时间。

（1）把长远计划和即时计划结合起来

根据时间尺度的不同，计划可分为以下四类：

好习惯是这样养成的

①人生规划

人生规划是指长时间乃至一生的规划，它的任务是树立理想并依照理想对自己的一生进行总体设计。

确定主攻方向是一个人一生中最困难、也是最重要的抉择。从青少年一直到垂暮老人，每个人其实都在用自己的行动回答一个问题：我究竟想成为什么样的人呢？如果是一个初中生，现在还没有答案，那么请开始认真思考这个问题；如果现在将近高中毕业，而仍然没有答案，那么请加紧思考这个问题。人才学研究告诉我们：音乐家、美术家、舞蹈家、体坛明星容易早期成才；数学家、物理学家、化学家则一般要经过10年的学习实践；历史学家、考古学家则需要更长的时间。如果不甘平庸，那就尽早设定自己的人生规划。

②阶段计划

阶段计划即指学习者对一个时间阶段学习的大体安排。"一味忙是不够的。问题是，我们在忙什么？"一个好的学习者应该有3～5年的时间安排，还应有学年计划和学期计划。阶段计划是人的成才过程中的一个个大大小小的标记。

制订阶段计划时，要根据个人情况来设计，不要照猫画虎。在总体上，要尽可能想出所有有关的情况：所涉及的教学大纲的范围，须阅读和学习的各种教科书，各种实践活动，以及必须达到的其他要求等。对某些重要工作，如写文章、实习笔记或调查报告等，要给自己规定出完成的日期，使自己对某阶段的工作，心里有个较确定的蓝图。对一个学生而言，详细地制订一个合适的阶段计划，可能首先需要具备几周的课程经验，当对各门课程有了大致了解后，就该认真制订阶段计划。这也是评价学生学习优劣的一个重要标准。阶段计划也并非铁板一块，不可改动，只是不要随意变动。

③短期计划

短期计划主要指周计划。短期计划中，学习者可以非常具体地设定自己的时间安排，它是一种操作性的计划。在一周内应读哪些书，做哪些作业等，都安排妥当。计划制订好后，须严格执行，只有这样，才能得到预期效果。

每天把要做的事情排列出来，这样目标明确，就会有效地支配时间，工作效率就会更高。正如索罗所说："光是忙忙碌碌是不够的，问题是忙些什么。"只有知道"忙些什么"，才能把所要做的事做好。

可以将一周的学习内容制订出计划，并详细标明完成时间，然后做成表格，贴在书房的墙上。此举的确有刺激努力奋发的作用。但如果在实行计划的中途用掉一天的时间去游玩，则计划就会有误差，所以须有另订计划的必要。相反，假如为了苛求自己和计划配合进行而过分执着、不知变通的话，则会被计划紧紧束缚住而无法喘息，其结果无疑是给自己找麻烦，最后很可能导致"计划偏执症"的不正常心理。

那么，到底该怎样制订适合于自己的学习计划呢？无论是短期还是长期计划，最重要的是量力而行，也就是说要考虑到自身的学习能力。

有一位时间管理专家曾说过："将生活组织化、合理化，并非用长期目标来达到，而是制定一天内可行的计划。"他提供的建议是，先准备一本计划簿，放在固定的位置上，以便于取用。若是企业界人士则放在办公桌上，家庭主妇最好放在厨房，学生则放在书桌上较合适。

每天一开始，或前一天晚上，将当天或翌日要完成的工作，按照项目逐次记下，等事情完毕加以核对，假若某些项目没有完成，则写在第二天计划表的首位。如此将一天的时间进行适当的管理。当按照计划完成时，则是计划成功的第一步。

著名管理学大师彼得·杜拉克以成功把握和管理时间而闻名。当许多企业领导者问他如何有效运用时间时，他首先要求他们把一天的行程和一周的预定计划写下来，做出一周的进度表。与此同时，每天把自己实际工作的进度用日记记录下来，待一周之后，再和预计进度作对照比较，即可明白其间的差距和浪费的时间，依靠这种方法进行自我评估和改进工作。

④即时计划

即时计划主要指日计划，它是对现实时间的安排。普希金曾说："要完全控制一天的时间，因为脑力劳动是离不开秩序的。"制订即时计划，须针对自己的特点，做出切合实际的安排，以清楚地知道在一个相当短的时间内要做什么事情，

好习惯是这样养成的

使自己有条不紊地学习。

制订即时计划时，一定要充分考虑个人本身的特点，科学安排时间。

（2）制订学习计划时，既要有高度，又要切实可行

一位经验丰富的登山者，绝不会把容易攀登的山作为自己的登山目标，同时也不会在爬过几座不起眼的小山之后，就匆忙立志要去攀登世界著名的险峰，做出这种轻率的计划。

拟订考试复习计划也是如此。假如毫不费力，轻易就能达到的，即便拟订了也没什么实际价值。设定这样一个毫无意义的目标，只能表示在制订计划的时候士气低落，否则就是在潜意识中想要偷懒。这样的计划，不制订也罢。因为只限于形式上的计划，根本起不到什么作用。只有尽全力去追求，设定的目标才有意义。

但是，原本需要一个月才能完成的目标，却想在一天之内就把它完成，这种不切合实际的计划，则又显得盲目冲动。真正经验丰富的登山者，在向高山挑战时，绝不会为图虚名而去冒险。他在制订行动计划的时候，一定会留有余地，就是说他的计划一定是切实可行的。即便能拼到某个高点，但是为了保留下山的体力，他也一定会放弃目标往回走。学习也是如此，盲目地制订大计划，并非明智之举。一般来说，设定的目标比能够完成的水准要高一点，那样才能起到促进作用。当完成了目标的 70%～80% 之后，再把目标拔高一点。

一天比一天进步，便会有愈来愈接近目标的充实感，这样也能在辛苦之余感到一种满足和快慰。

在执行计划的时候，也不要太死板，可适当地把心情放轻松一点，时而有这么一种认识：有时候也不是完全按照计划做功课的。如果为了恪守计划而跟朋友停止来往，甚至放弃了一切的娱乐，反而无法实行计划。制订计划要适度，既要起到约束和督促作用，又不能完全把自己捆绑住，这样才能提高效率。而且，有时候也不一定非按计划进行不可。例如，当学习的士气正高昂时，可打破计划适当延长学习时间，推进进度。不要以为一定要呆板地遵守计划，要学会运用自如。在时退时进之中，才能摸索出适合自己的最佳学习方法。

第二章 培养孩子阅读的习惯

好习惯是这样养成的

1. 阅读是一切学习的基础

　　高尔基说："读书有时会使人突然明白生活的意义，使他找到自己在生活中的位置。"梁实秋说："读好书是充实知识的方法，也是调剂心情的良方。以一般人而言，最简便的修养方法是读书。"古人说："开卷有益。"这些话都是强调读书的重要性，鼓励人们努力读书。

　　"秀才不出门，便知天下事"，这是一句流传很久的民间俗语。"秀才"何至于有如此之大的能耐呢？其中原因既不像传奇人物诸葛亮那样占星卜卦，也不在其闭门苦思冥想，而在于读书，在于大量地阅读。通过博览群书，从而知古今、明事理、炼心智，造就犀利的眼光、敏锐的思维、开阔的心胸。

　　阅读是一切学习的基础。在学习的过程中，如果能养成阅读的习惯，语文领域的学习可以得心应手，其他领域知识的学习也已经成功了一半。因为我们可以通过阅读获得知识，提高学习兴趣，还有助于开发我们的多元智慧。

2. 让孩子掌握读书的方法

　　有人做过统计，发现正常人90%以上的信息来源于阅读。在信息量飞速增长的今天，阅读能力的高低已成为一个人能否成才的重要条件之一。乐于阅读、善于阅读正是成功者的重要品质。

　　从表面上看，阅读就是用眼睛看。实际上，阅读是一个处理信息的复杂心理过程，有效的阅读要求不仅眼睛看，而且用心"看"、用嘴"看"、用手"看"。

"四到"，这是文豪鲁迅先生最为推崇的阅读之道。现代阅读心理学也证实有效阅读离不开"四到"。对于孩子而言，"口到"更有独特作用。

在阅读中，令父母伤脑筋的问题之一就是孩子常常走神分心，不能坚持阅读。出现这种情况并不完全是孩子不听话、故意捣蛋，而是与其神经系统发育有直接关系。由于孩子神经系统不够成熟，他们对于自己行为的调控能力有待发展，这时候要求他们像初高中生那样保持阅读目标、一以贯之地读下去，这就有些勉为其难了。

不过，改善孩子阅读情况，减少甚至避免分心，也并非不能办到。要做到这一点，可以运用"三到"原理，以孩子的"口到"带"眼到""心到"。也就是说，在训练孩子阅读能力时，遵循从出声地读到无声地读这样一个不断内化的阅读能力发展规律，用出声的朗读克服"眼睛串行""精神涣散"的情况。

出声的朗读促使孩子对自己读的过程不断进行反馈并积极思考，因此"口到"在孩子开始阅读训练时极为重要。但是，朗读往往使阅读速度较慢，而且在一些场合下并不适宜，所以又要注意引导孩子及时转化到无声阅读阶段，此时边看边思考尤为重要。在读的过程中，适时地提问，或事先确立阅读要解决的问题，让孩子眼到、心到，从而保证无声阅读的效率。

眼到、心到、口到，基本上解决了孩子阅读过程中注意力不集中的问题。要达到良好的阅读效果还离不开"手到"：涂画、记录要点、记下疑问、感想，使阅读更为积极，而且加深理解和记忆。

让孩子掌握读书方法，我们给父母们的建议是：

（1）先扶后放

孩子阅读能力的发展经历从

低到高的过程，需要父母教给他们基本的阅读方法，帮助他们培养良好的阅读习惯，引导他们进入阅读的"大门"。训练阅读能力的目标最终是使其成为独立的高效率读者，但这并不能一蹴而就。在训练开始之际，父母应当通过示范、提醒、启发等方式"扶"他们一把；随着孩子对基本方法的掌握及阅读水平的提高，父母则应该减少帮助与干预，慢慢地放手。

（2）先易后难

根据孩子的实际水平，选择恰当材料，由易到难是极重要的。一般而言，阅读材料中的生字词不超过字词总数的5%。在体裁上，学龄前的孩子以童话故事、短小的诗词为主，小学生阅读材料应以记叙文为主，简单的说明文、论说文为辅，意义明了、朗朗上口的短诗、儿童诗也可以。在文体上，童话、传奇、民间小故事也是为小学生喜欢的。另外也可以让孩子看报纸上的短新闻。

（3）先单篇短章，后读成本书

有的父母抱怨孩子读书没有常性，一本书读了个开头就搁下。其实，让孩子硬着头皮攻读"大部头"原本就是不恰当的。"大部头"中信息量大，其中关系错综复杂，要求读者有较好的记忆力、连贯能力，否则读到后头忘了前头，始终一团乱麻。而孩子抽象思维能力刚刚发展，即便坚持读完"大部头"，也免不了糊里糊涂，不知所云。所以，应让孩子读单篇短章，再视具体情况指导孩子读简本巨著或"大部头"中的某些章节。

（4）先精读后略读

精读侧重于阅读理解、领悟与分析；略读侧重于快速地捕捉某些信息。精读与略读都是应掌握的阅读方法。不过，由于孩子阅读能力有待发展，而且其任务侧重于获得坚实基础，所以精读的训练在先。精读训练基本过关，才可以进行略读训练。

（5）多多益善

"韩信点兵，多多益善"。孩子阅读能力的提高确实需要在大量的阅读实践中完成。相当一部分父母倾向于孩子读好课本、读好老师发的阅读材料就行了，反对孩子读小说、杂志等"闲书"，认为这是不务正业。殊不知，许多"闲书"并不"闲"，而是开阔孩子视野、锻炼孩子思维、提高孩子阅读能力的很好的"课本"。

3. 培养良好的阅读心态

阅读心态与阅读效果之间的关系是非常密切、正向相关的：阅读心态越好，阅读效果也就越高。因此，探讨一下最佳阅读心态，是很有必要的。那么，阅读的时候应该抱持什么样的心态呢？

（1）纯洁的心境

在阅读之前把一切芜杂的、混乱的、烦琐的念头全拭去，使心境如一块水晶、一池春水。这样阅读文章，印象才会清晰，记忆才会深刻，理解力和吸收力才会更强。

（2）安静的心绪

心绪要安稳平静，要克服慌乱和烦躁。

（3）乐观的心情

对环境、处境，应该有一种惬意的顺应心理，而不应该有反感的逆反心理，应该对生活充满理想、热情和信心。

（4）专一的心态

阅读时要把全部精神倾注在阅读对象上面，要加强感受器官和思维器官的活动，造成大脑皮层的优势兴奋中心。

（5）渴求的心志

在阅读的整个过程中，要有一个念念不忘的明确目的。有了明确的目的，怀着迫切的心情去读，注意力才会集中；有浓厚的兴趣和爱不释手的感情，阅读效果才会好。

好习惯是这样养成的

4. 如何让孩子善于读书

如何让孩子善于读书？

（1）激发孩子的兴趣

在家中摆满各种有趣的书籍，让孩子可以随手拿来翻看与欣赏。不过可别忘了即刻给予鼓励。要使阅读成为孩子生活中不可缺少的内容，使阅读成为一种享受而不是负担，这需要身教。天天大约三岁时，曾对她妈妈说："爸爸一看书，为什么就不理我呀？书比我还漂亮吗？书比我乖吗？爸爸干吗那么喜欢书呀？我也要看书。"这一段天真幼稚的"孩子话"充分说明，如果父母视阅读为生活乐趣的一部分，孩子自然会乐于读书。父母经常津津有味地读书看报，对待书报总是兴趣盎然，孩子便会觉得读书一定很有趣，对书籍充满着好奇。

（2）要把读书作为一项消遣活动

在轻松的气氛下，安排一小段时间，与孩子一起读几分钟书。也可在外出时，带上一两本书，在公园里，在郊外，在河边，在清新的空气下，在鸟语花香的环境里，与孩子一起读上几段。这样，自然而然地把孩子引入图书世界，使读书成为孩子的消遣活动。

（3）帮助孩子选择好书

教育学家认为，孩子需要那些与他们的年龄、兴趣及能力相适宜的图书，他们也喜欢图书题材的丰富多彩。所以专家建议，可以让孩子多接触不同方面的读物，如报纸、杂志乃至街头标语广告、商品包装等等。通过这些文字读物让孩子懂得：语言文字在我们生活中的每一方面都是非常重要的。

（4）与孩子一起读书

在孩子能独立阅读以后，仍坚持同他们一起读书。很多专家建议，同孩子一起读书，至少要坚持到他们小学毕业。大部分孩子在12岁以前，其倾听理解能力要比阅读理解能力强，所以，父母为他们念书比他们独立阅读收益会更大。

5. 养成写读书笔记的习惯

写读书笔记，是一种很好的阅读习惯。首先，能够加深对书籍内容的理解；其次，能够训练思想的周密条理，提高分析问题的能力；第三，能够养成良好的阅读习惯；第四，有助于培养办事认真、扎实的作风，有助于提高文字表达能力。

那么，该怎样写读书笔记呢？

读书笔记的形式多种多样。由于所读书籍的内容不同，和自己对所读书籍的疏熟情况不同，读书笔记也需采取与之相适应的形式。下面，简要地介绍几种读书笔记的形式和写法：

（1）写阅读体会

读了理论性的书刊或文艺作品，一般适宜采用这种形式。可以写成一篇内容完整的文章，也可以用随感录的形式写出体会。可以就书（文）的全篇来写，也可以截取其中的一部分来写。最好不要大段大段地征引，而应着眼于结合书（文）的内容，联系自己的思想、学习、活动和周围的实际来写体会。

（2）综合叙述

读了几本（篇）谈同一问题的书（文），一般宜采用这种形式。几本（篇）书（文），作者们的见解可能有些不同，甚至针锋相对；或者见解虽然差不多，但谈问题的角度不同，引用的材料不同。写综合叙述，要抓住重点，把几本（篇）中见解相同的放在一起叙述。可以就其中一本（篇）为主要叙述对象，其他本（篇）谈问题的角度有哪些不同，引用的材料有哪些不同，对比写出。对于见解不同的，可以将分歧的地方叙述出来，或者对比列出各人的见解。综述见解不同的书（文），最好写出自己的看法。

（3）写较详细的内容提要

这一般适用于学习较为高深的书（文），写一遍详细的内容提要，其效果比

重读一遍要好得多，对于加深理解和记忆有很大的作用。写这种形式的读书笔记，既要总领所读书（文）的主要内容，又要分列出各方面或各部分的内容，某些重点部分可以一字不差地抄录。

（4）补充

读了某些书（文），觉得内容不完备，可在读书笔记中予以补充，使原来的内容臻于完备。补充，必须围绕书（文）中所论述的内容来阐述、引申和发挥，不要扯到一边去了。补充时，宜先概述原文内容，指出其缺陷，再写自己的补充。

（5）摘录

对于科技书（文）中关键性的内容，理论著作中精辟的论述，文艺作品中精彩的描绘或者发人深省的警句，可在读书笔记中摘录下来。摘录要少而精。也可在摘录之后写一点自己的认识和体会。

（6）批驳

阅读中遇到观点不正确的，在读书笔记中指出其错误，提出自己的看法。指出错误，要观点鲜明，击中要害，以理服人。

（7）质疑录

阅读中发现疑难问题，可在读书笔记中记下来，以备日后向别人求解；弄明白了，再把答案写上去。

（8）在书上画出重要句段，写评注

画重要句段，写评注，都要少而精。画句段要突出重点，写评注要言简意赅。

6. 如何提高阅读速度

在竞争日益激烈、越来越崇尚效率的现代社会，在不削弱理解和记忆效果的前提下，提高阅读速度无疑具有十分重要的意义。那么，该怎样提高阅读速度呢？

（1）培养"默读"能力，改变"朗读"习惯

阅读中的认知有两种不同的方式。一种是：文字以光波的形式落在人眼视网膜上，然后由视觉神经传到大脑的言语视觉中枢，引起大脑内部的言语活动和思维活动，从而理解了文字所表示的意义。整个活动是在人脑内部默默进行的。这种认知方式就是默读。另一种是：文字以光波的形式落在视网膜上，又由视觉神经传至大脑的言语视觉中枢。言语视觉中枢又把信号传至言语运动中枢，言语运动中枢再把信号传至人的发音器官，引起喉、舌、唇的运动，发出文字的声音。声音通过耳朵的听觉神经传至言语听觉中枢。三个言语中枢协同作用，从而理解文字的意义。这种认知方式就是朗读或低声诵读。

由于默读不必经过声音的转化和输入，直接由视觉吸收信号，过程简单，所以速度比朗读和低声诵读快得多。就一般读者来说，汉语朗读每分钟平均150~200字，默读每分钟可达400~600字。默读的速度是朗读的三倍左右。要想提高阅读速度，就要采用默读的形式。

有人认为朗读和低声诵读有助于理解，而默读影响理解。这种认识其实是没有根据的。据语言心理学家的实验，默读在加深理解方面，同样优于朗读。这是因为默读不发出声音，可以从容地沉思默想，而朗读则易受发音的干扰。朗读的优势仅在识记和背诵方面，对于理解没有明显的促进作用。

默读习惯可以采用以下方法加以培养。

首先检查一下自己在阅读中，有没有发出声音或虽发出不明显声音，但发音器官（嘴和喉部）仍然做出轻微动作的不良习惯。如有这种习惯，阅读时，可以

好习惯 是这样养成的

用手指按住喉部，或将一个瓜子仁含在双唇间，以制止它们发出声音。

也可以采用限定时间阅读文章的方法，加快眼睛扫视页面的速度，集中全部注意力理解读物的内容，使发音器官来不及动作。久而久之，就能克服阅读发声的毛病，养成默读的习惯。

（2）扩大视距，整体认知

据观察，在阅读活动中，人的眼球并不是连续不断地向下移动的，而是时停时动地向下跳动。眼停的时候认知文字，眼动的时候转向下面的文字。眼停一次的时间是0.3秒左右。每次眼停认知的字数最多可以达7个，最少只有1个。眼停时认知的字数叫"视距"。一个阅读过程，眼停的时间约占95%，眼动的时间只占5%。由此我们可以知道，阅读速度取决于一次眼停认知字数的多少。如果一次眼停认知的字数多，视距大，阅读速度就快；如果一次眼停认知的字数少，视距小，阅读速度就慢。

在阅读活动中有两种认知方法。

一种是合成式认知。即一次眼停只认知一个字或一个词，一字一顿或一词一顿，而后合起来理解其意义。这种认知方法有两个缺点：一是眼停的次数多，花费时间长；二是字和词都不表示一个完整的意思，影响理解。这两个缺点都明显地影响阅读速度。

另一种是整体认知。即一次眼停认知一个短语或一个短句，整体地理解它的意思。这种认知方式减少了眼停的次数，也加快了理解，可以大幅度地提高阅读

速度。

有人对这两种认知方式做过比较试验。逐个辨认不成词句的汉字，每分钟最多辨认 100 个；整体辨认组成词句的汉字，每分钟可以辨认 300 个左右。由此看来，扩大视距，养成整体认知的习惯，将直接有益于阅读速度的提高。

整体认知的能力可以通过练习提高。如把一些短语或短句写在卡片上，在极短的时间里在眼前出示，然后说出意思。可以逐渐加长卡片上的短语或短句，缩短出示卡片的时间，这样可以扩大视距，增加一次认知的字数。也可以把一篇文章用铅笔圈出短语或短句，以圈好的单位练习认知。还可以阅读一些诗歌，以句为单位整体认知。练得多了，就能扩大自己的视距，养成整体认知的习惯。

（3）控制视线运动

①减少回视

阅读中，人的视线本来应该是从前往后做定向移动的。但有的时候，读者因为没有理解认知过的文字的意思，或没有看清楚字形，就需要返回去再看一遍，这种返回叫"回视"。

由于阅读材料太难而造成的回视，一般来说是正常现象。但有的时候，有些读者的回视却并非是因为阅读材料太难而造成的。有的读者没有养成整体认知的习惯，一字一认或一词一认，又不能把认知过的文字很流畅地合成一个完整的意思，常常是看了后边忘了前边，不得不反复回视，才能理解文字的意思。久而久之，养成习惯，不论阅读材料难易，都要反复回视，花费很多时间，这就大大减

慢了阅读速度。

反复回视的毛病可以通过训练加以纠正。开始时应采用浅显易懂的阅读材料，从扩大视距、提高整体认知的能力入手，逐渐学会控制眼球的运动，使视线定向运动而不返回。练习多了，反复回视的毛病就能有所克服。

②准确扫视

阅读中，视线从前一行的末端转到下一行的首端叫"扫视"。读者的扫视如果能够做到准确熟练，阅读速度就不会受到影响。如果不够准确熟练，经常串行或需仔细寻找才能读下去，阅读速度就会大受影响。因此，要想提高阅读速度，掌握扫视的技巧也是很重要的一个方面。

要做到准确地扫视，一是要能够根据已经读出的一行文字预测下一行开头的文字。有了这样的思想准备，移动就比较顺利。二是要学会控制自己的视线，当视线已经移到一行的末端时，应以跳跃的方式转向下行的首端，而不要沿已经读过的一行回视到开头，再向下移——这样容易耽误时间。

有的人为了扫视准确，常用手指或笔尖指着读，移行时以手指或笔尖做引导。还有的人用一把尺子遮住未读的文字，读完一行露出一行。这种方法固然可以起到一些帮助扫视的作用，但容易分散自己的注意力。因为读者在阅读时，注意的对象应该是文字所表达的思想，而不是每个字在书页上的位置。另外，移动手指和尺子的速度往往跟不上眼球的运动，有时也会减慢读速。

（4）高度集中注意力

注意是一种积极的心理状态。当注意力集中于感知活动时，人们的知觉便处于活跃状态，使人有选择地感知文字而不去注意与读物无关的东西。这样被感知的文字信号强度相对增加，人们的感知也就会更清楚明白。当注意力集中于理解活动时，人们的思维便处于活跃状态，使人能把思维集中在所读文字的意义上，而不去思考与之无关的事物，文字的意义就更容易被人理解。

阅读活动中如果注意力比较集中，读速就快；反之，如果注意力分散，读速必慢。

（5）抓住重要信息

读物里的文字符号都负载着一定的信息，但所负载的信息量却不完全是相等的。一个句子常常由许多词语组成，其中有些词语是关键性的，没有它，意思就表达不清楚。相对来说，有些词语就不那么关键，没有它，意思也能说明白。一段话由许多句子组成，其中有些句子是关键的，也有许多句子就不那么重要。一个作者，不管他的文字水平有多高，也不可能精练到字字珠玑。有经验的读者在阅读过程中，并不是在每一个文字符号上平均使用力量的。无论是感知还是理解，都是抓住关键性的词语和句子，其他的则依次带过。这样，阅读过程才有张有弛，并达到一定的速度。阅读时，如果我们总是紧张地注视和思考着每一个词语、每一个句子，势必造成视力和脑力的疲劳，从而影响读速。

　　文章中重要信息和次要信息的分布是有规律的。一般来说在记叙和描写性语体中，一个单句的重要信息是主语、谓语、宾语。例如，"我冒着严寒，回到相隔两千余里、别了二十余年的故乡去。"这句话传达给读者的主要信息是：我回到故乡去。在科技语体、证论语体中，单句里的重要信息有时也可能是定语、状语和补语。例如："强碱是由碱金属或碱土金属所组成的氢氧化物。"这个句子中的定语是个必不可少的成分，没有它就不能正确认识强碱的性质。在复句中，大多数偏正复句的重要信息是正句。例如："每个人都有可能走向成功之路，不过，必须自己有坚强的毅力去开创。"这个复句强调的意思是：必须自己开创。但有时也有例外，像条件复句中，表示唯一条件的分句是重要信息。例如："除非彻底改组领导班子，才能使这个厂出现新局面。"这个复句强调的是：要改组领导班子。在段落中，段落的中心句是重要信息。在文章中揭示主题的句、段是重要信息。了解了读物重要信息和次要信息的分布规律，阅读时就能有的放矢地捕捉重要信息，从而提高读速。

　　捕捉句子重要信息的能力可以通过训练培养。如选择一些句子，读后画出重要信息，阅读一些文章，边读边画出重要的词句等等。

　　（6）提高预测能力

　　据阅读心理学家研究，人们在阅读过程中，并不是被动地接受文字所传达的信息，而是在积极地思考，对词语、句子的连接，意义的展开，情节的推进，都不断做出期待、预测和判断。也就是说，人们在逐词、逐句地阅读一篇文章中，在感知理解了上一个词语或句子时，就预先想好了下一个与上文衔接的词语或句子。例如，看了"天阴得越来越沉，一阵狂风掠过……"一般来说，读者会预见下文是"大雨就哗哗地下起来"之类。在看了文章的开头部分时，就开始考虑文

好习惯是这样养成的

章的主体部分和结尾部分。

一个读者在阅读过程中，如果能主动地预测下文，而预测的短语和句子又完全与下文吻合，那么对下文的阅读就变得轻松而流畅，从而加快阅读速度。反之，如果只是被动地接受或虽有预测但准确率很低，那么下文的阅读势必变得吃力，从而影响阅读速度。

预测能力与读者对读物所用的语言掌握的熟练程度有关。例如，一个汉语熟练的中国人，在读到"我们要继续发扬艰苦奋斗的……"这半句话时，一般会预测到下文是"作风"之类；而一个汉语不熟练的外国人，即使认识上文的这些字，也未必能准确地预测下文。

预测能力还与一个人的知识水平有关。一个具有高中以上文化水平的读者，在读到"因为地球是个南北稍长的椭圆形球体，所以越靠近两极引力越大，反之……"这句话时，一般也会预测到下句是"越靠近赤道，引力越小。"

预测能力还与一个人阅读时的心理状态有关。态度积极，预测主动；态度消极，预测则被动。预测能力也因之受到影响。

预测能力可以在阅读中培养，在阅读中要主动对下文展开预测，逐渐养成看了上句想下句、看了开头想结尾的习惯。

第三章 培养孩子独立思考的习惯

好习惯是这样养成的

1. 青少年应敢于独立思考

　　青少年的主要任务就是学习，学习一切科学文化知识，为将来干出一番事业打下坚实的基础。但是，有的学生只是机械地记住书本上的知识，使大脑成为知识的仓库，而根本没有经过自己的思考，这样的做法是不可取的。

　　固然，对知识的记忆很重要，但更重要的是独立思考。

　　古希腊哲学家赫拉克利特说过："博学并不能使人智慧。"只有在学习和生活中善于独立思考，才能开出智慧的奇葩，特别是在当前知识大爆炸的背景下，具备独立思考的良好习惯尤为重要。

　　独立思考，是使愚者成为智者的钥匙；遇事缺乏思考，是智者变愚的根源。养成独立思考的良好习惯，是人们发现新的知识、通向成功之路不可缺少的桥梁。

　　独立思考的人，是不唯书，不唯上，非常自信的人。一个常怀疑自己的人，也是不敢怀疑书本的；一个不敢怀疑书本的人，是不可能做出惊天动地的大事业的。

　　在学习上独立思考，其实质就是在学习知识的过程中要经过自己头脑的消化。当然，在学习的过程中，有些机械的记忆和模仿是必要的，但最终要变成自己的东西，还要经过自己的一番思考。如果不能独立思考，在学海中随波荡漾，人云亦云，那就不知会飘向何方。

　　青少年主动培养独立思考能力，养成独立思考的良好习惯是十分重要的。科学巨匠爱因斯坦十分强调培养人的独立思考和独立判断的能力，他说："发展独立思考和独立判断的一般能力，应当始终放在首位，而不应当把获得专业知识放在首位。"爱因斯坦是这样说的，也是这样做的。正是由于养成了独立思考的良好习惯，具有独立思考的能力，他才创立了相对论，开辟了科学上的新纪元。同样，诺贝尔奖获得者、美籍华人物理学家杨振宁也认为，学习和做研究工作的人，一定要有独创的精神和独立的见解。他认为独创是科学工作者最重要的素质，而这又必须从学生时代起就开始培养。在做学生时，就要在所学知识的基础上，敢于独立思考，提出独创性见解。

知识链接

赫拉克利特

赫拉克利特（约公元前540—前470）是一位富有传奇色彩的哲学家，出生在伊奥尼亚地区的爱菲斯城邦的王族家庭。他本来应该继承王位，但是却将王位让给了他的兄弟，自己跑到阿尔迪美斯庙附近隐居起来。据说，波斯国王大流士曾经写信邀请他去波斯宫廷教导古希腊文化。赫拉克利特著有《论自然》一书，现有残篇留存。

2. 请留些时间用于思考

英国著名的物理学家卢瑟福，是最早完成原子核裂变实验的科学家。他很注重思考，认为只有思考得越多，实验的成功率才会越大。

有一天晚上，卢瑟福走进实验室，见他的一位学生仍然在做实验。他很不高兴地问道："这么晚了，你还在这儿做什么？"

学生回答说："我在工作。"

"那你白天干什么呢？"卢瑟福又问。

"我也工作。"学生答道。

"那么你早上也在工作吗？"卢瑟福问。

"是的，教授，早上我也工作。"学生自信地回答。

卢瑟福更加不高兴了，皱了皱眉头，说："你这样一天到晚地工作，用什么时间来思考呢？"

学生被问得哑口无言。

这种浪费时间的表现是每时每刻都努力工作，每时每刻都紧张学习，不讲效率埋头苦干，时间花去不少，成果却不显著。抓紧时间工作固然重要，但是行动要受到思考的支配。有了正确的思考，才能走上正确的道路。给思考留些时间，对所要解决的问题首先进行全面彻底的分析，并制订出切实可行的计划，然后再付诸行动，才能使每一步行动都有目的、有意义。

诚然，一切成果的取得，都离不开实践。光想不干，想得再好，于事无补；脱离实际，想入非非，还会把事情搞坏。从实际出发，"学会分析事物的方法，养成分析的习惯"，在实践中思考，在思考中实践，思考得越深，就会实践得越好。实践是一种磨砺，思考同样是一种磨砺，而且是一种更深层次的磨砺。

有了思考空间，才能从司空见惯的现象中有所发现。牛顿把"苹果从树上自由落下"留在了思考空间，启示他探索出了"万有引力"；瓦特把"壶盖被开水顶动"留在了思考空间，引导他发现了蒸汽机；伽利略把"不同长度挂灯的摇摆"留在了思考空间，促使他发现了等时性原理……诸如此类的现象，寻常人熟视无睹，唯有具有探求精神的人，才把它留在思考空间，并通过孜孜不倦的追求，以至有所发现、有所发明、有所创造。

有了思考空间，才能从前人的"定论"中有所突破。亚里士多德曾断言：物体从高空落下，"快慢与其重量成正比"。面对早已"盖棺"的"定论"，伽利略不是"连想都不去想"，而是重新用实践检验它是否是真理。他拿着两只大小不同的球，跑到比萨斜塔上一次次往下扔，结果证明亚里士多德的断言是错误的。不仅如此，伽利略还从中掌握了物体运动的轨迹，推动了力学的发展。"在你眼里，伟人之所以伟大，是因为你是跪着的"，站起身并拉开一定的距离，你就会发现，伟人也是人，他们由于各种条件的局限，同样有这样或那样的缺点和不足。如果跪倒在"电磁波穿过空气层就会一去不复返"这一"定论"的脚下，马可尼就不能把信号送过大西洋，开创无线电事业；如果跪倒在牛顿"时间、空间绝对不变"这一"定论"的脚下，就没有爱因斯坦的相对论。电磁场、原子能的发现，生物进化论、元素周期表的创立，不都是敢于向权威错误论断挑战的结果吗？

有思考空间，才能对自身实践有理性的提升。在工作顺利时，有些人的头脑往往被成绩装得满满的，失去了思考空间，其后果不言而喻。其实，成功时要思考的问题很多。成功的条件是什么？发展的前景是什么？要继续开拓前进，还需要做什么？在这样的关节点上多思多想，才能使我们保持清醒的头脑。

遇到挫折更要有思考空间。所谓失败是成功之母，是有条件的。条件便是动脑筋，找出原因，接受教训。现实情况往往是，一有失误，有人便说："没关系，只当是交了一次学费。"如果别人这样说，作为一种热情的勉励和鼓舞，当然是有其积极意义的；但如果自己先这样讲，那就未免有失慎重了。失误是允许的，然而不能忘记，我们的目标是成功。

有了思考空间，才能有一个再创造的天地。知识、经验可以为我们提供思路，使我们轻车熟路地解决许多以前遇到过或未遇到过的问题，并且给我们提供规律原则。另一方面，正是这样的规律太多，则可能给了我们僵化的教条。心理学中有个概念叫"定势"，它是指人们在解决问题时，过于相信从前解决问题所用的方法。当人们习惯于做什么，就很容易养成一种思维偏见，成为习惯的奴隶，墨守成规，虽然掌握了规律，却轻视了创造。所以，我们对待知识和经验应防止习惯和顽固，在头脑中留一片思考空间，让给创造。在顺境中多思考，我们能保持清醒的头脑、稳健前进的脚步；在逆境中多思考，我们会找到失败的症结，踏上通往成功的道路。

好习惯 是这样养成的

3. 正确思考：解决问题的关键

有一个关于一位牧师的令人惊奇的小故事：他在一个星期六的早晨，准备自己的讲道。他的妻子出去买东西了。那天在下雨，他的小儿子吵闹不休，令人讨厌。最后，这位牧师在绝望中拾起一本旧杂志，一页一页地翻阅，直到翻到一幅色彩鲜艳的大图画——世界地图。他就从那本杂志上撕下这一页，再把它撕成碎片，丢在起坐间的地上，说道："小约翰，如果你能拼凑好这些碎片，我就给你2角5分钱。"

牧师以为这件事会使约翰花费上午的大部分时间，但是没过10分钟，牧师就惊愕地看到约翰如此之快地拼好了一幅世界地图。

"孩子，你怎样把这件事做得这样快？"牧师问道。

"啊，"小约翰说，"这很容易。在另一面有一个人的照片。我就把这个人的照片拼到一起，然后把它翻过来。我想如果这个人是正确的，那么，这个世界也就是正确的。"

牧师微笑起来，给了他的儿子2角5分钱。"你也替我准备好了明天的讲道。"他说，"如果一个人是正确的，他的世界也就会是正确的。"

这给予我们很大的启示：如果你想改变你的世界，首先就应改变你自己。如果你的思想是正确的，你的世界也会是正确的。这就是正确思考的基本原理。

当你进行正确思考的时候，你的世界的一切问题都会迎刃而解。

爱因斯坦的成功，首先应归功于他的正确思考和创造力。

有一次大发明家爱迪生满腹怨气地对爱因斯坦说："每天上我这儿来的年轻人真不少，可没有一个我看得上的。"

"您断定应征者合格或不合格的标准是什么？"爱因斯坦问道。

爱迪生一面把一张写满各种问题的纸条递给爱因斯坦，一面说："谁能回答出这些问题，他才有资格当我的助手。"

"从纽约到芝加哥有多少英里？"爱因斯坦读了一个问题，并且回答说，"这需要查一下铁路指南。""不锈钢是用什么做成的？"爱因斯坦读完第二个问题又回答说，"这得翻一翻金相学手册。"

"您说什么，博士？"爱迪生打断了爱因斯坦的话问道。

"看来我不用等您拒绝，"爱因斯坦幽默地说，"就自我宣布落选啦！"

爱因斯坦从自己的切身体验出发，强调不能死记住一大堆东西，而是要能灵活地进行思考。

爱因斯坦认为，正确地进行思考，是追求成功至关重要的条件。

小时候的爱因斯坦一点也看不出来有什么天赋，到3岁的时候，还不会讲话。他6岁上学，在学校里成绩非常差，一上课就是被批评的对象，老师还说他永远也不会有什么大的出息。大家一致认为他是一个天生的笨蛋。

但，爱因斯坦在12岁的时候，就已经决定献身于解决"那广漠无垠的宇宙"之谜。15岁那年，由于历史、地理和语言等都没有考及格，也因为他的无礼态度破坏了秩序和纪律，他被学校开除。

爱因斯坦非常重视思考和想象。他说："想象力比知识更重要。因为知识是有限的，而想象力包括世界上的一切，推动着进步，并且是知识进化的源泉。"他在16岁时，喜欢做白日梦，幻想着自己正骑在一束光上，做着太空旅行，然后思考：如果这时在出发地有一座钟，从我坐的位置看，它的时间会怎样流逝呢？

从此，他开始了自己的科学远征。他设计了大量理想实验，提出了"光量子"等模型，为相对论和量子论的建立奠定了基础。

灵活地进行思考对一个人的成功是非常必要的。抱持"提出一个问题往往比解决一个问题更重要"的思想，才能不断地提出问题，并在解决这些问题的同时逐渐迈向一个个人生的高峰。

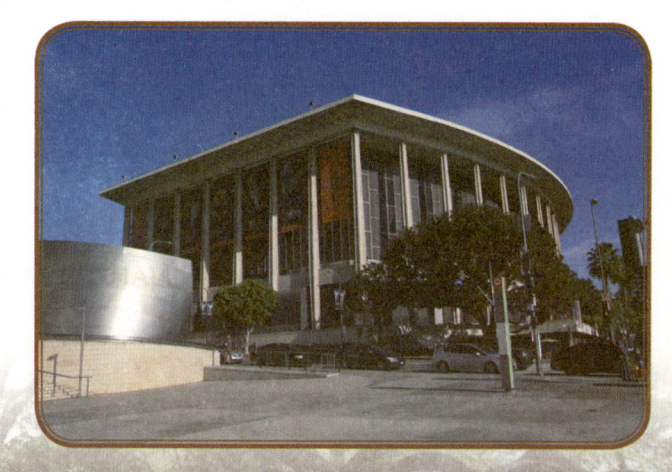

知识链接

爱迪生

托马斯·阿尔瓦·爱迪生（1847—1931），出生于美国俄亥俄州米兰镇，逝世于美国新泽西州西奥兰治。爱迪生是人类历史上第一个利用大量生产、生活和电气研究做实验，从事发明而对世界产生重大、深远影响的人。他发明的留声机、电影摄影机、电灯对世界有极大影响。他的一生共有 2000 多项发明，拥有 1000 多项专利。爱迪生被美国的权威期刊《大西洋月刊》评为影响美国的 100 位人物。

4. 如何培养独立思考能力

青少年阶段是为人生的发展打基础的时期，在这期间，一定要重视培养自己的独立思考能力，养成独立思考的良好习惯。那么，具体该怎么做呢？

（1）要明白独立思考的重要性，产生独立思考的热情

由于现行教育制度的缺陷，有的学生不需独立思考，只要死记硬背，也能取得较好的成绩，认为独立思考是卖力不讨好的事情。为了纠正这种错误的认识，就要真正懂得独立思考的意义，主动进行独立思考能力的培养，逐步养成独立思考的良好习惯。

（2）要多进行独立思考的活动

不要小看这独立思考的小火星，"星星之火，可以燎原"，"自古成功在尝试"，只要敢于独立思考，就说明不拘泥于现成的东西，这是十分可贵的。

（3）要克服高不可攀的心理

一提起独立思考，大多数学生就会摇头："老师讲什么，我们就学什么；书本上说什么，我们就记什么。独立思考，是科学家的事。我们哪有这个本事啊！"

的确，科学家需要独立思考的能力，但独立思考也并非高不可攀，可望而不可即的。其实，对老师讲的有不同意见，经过思考向老师提出来就是一次独立思考的过程。还有，对书上的习题提出与老师不一样的解法，也是独立思考。所以，要在学习和生活中敢于进行独立思考，善于进行独立思考，逐步培养独立思考的良好习惯。

（4）打好基础，多学知识

独立思考并不是胡思乱想，它需要一定的知识做基础。假如脑袋里空空如也，一无所有，那么任凭我们如何独立思考，也是不会思考出什么"出类拔萃"的东西来的。完全的"独立思考"是没有的，人们总是在继承前人有益遗产的基础上，方能进行独立思考，得出与前人多少有所不同的东西来。因此，对于青少年来说，最重要的就是学习一切有用的知识，在此基础上培养自己独立思考的良好习惯。

5. 如何提高孩子的创造性构想能力

为了培养独立思考的良好习惯，必须十分重视提高和发展创造性构想能力。那么，怎样才能提高创造性构想能力呢？

（1）注意积累丰富的知识和经验

知识和经验是培养创造性构想能力的基础。科学上的创造、技术上的革新、艺术上的创作都是在丰富的知识和经验的基础上，通过创造性构想而成功的。经验越丰富，知识越渊博，创造性构想的思维就越活跃，丰富的知识经验可以使人产生广泛的联想，使思维灵活而敏捷。

创造性构想需要以知识与经验的积累为基础,但并不是说只有等知识和经验积累到自认为非常丰富的地步才能进入创造,知识和经验积累的程度也不完全与创造性构想能力成比例。在学问不多时,直接进入创造,直接为实现既定目标而设计自己的知识结构,积累有关的知识和经验,尽快把积累的东西用于创造,常常能收到事半功倍的成效。

（2）要培养良好的个性品质

个人性格品质的好坏,在很大程度上影响着创新能力的强弱。如自信、勤奋、进取心强,富有浓厚的认知兴趣、幽默感、拥有顽强的毅力、甘冒风险和不屈不挠的精神等。它往往通过为创造力的发挥提供心理状态和背景情境,通过引发、促进、调节和监控创造力,以及与创造力协调配合来发挥作用。

适宜于创造的个性品质特征主要有:

①独立的人格特征

也就是说人要具有独立自主的精神,有自己的主见与认识理解,有自己的观点,不人云亦云;自信自尊,不盲目服从,不轻信他人;要勇于向常规挑战,不满足于已有的结论,善于并敢于怀疑权威。

②具有优良的意志品质

要有不服输的劲头。任何创新的过程都包含着对旧东西的"破坏",其间必定充满着坎坷、阻碍以及各种艰辛。这就需要具有顽强的毅力和不屈的精神,能够在挫折面前坚持既定的目标,坚韧不拔、百折不回、永不低头。

③要具有强烈的求知欲

对自己不知的、知之不多的、知之不明的东西,有一种旺盛的欲望,就是要获取它、求得它。

④具有冒险、进取和献身的精神,以及强烈的使命感和责任心

这是一个创造型人才应当具有的事业心,表明了对未来的执著追求和对生活的美好憧憬,也决定着一个人在挫折面前能否保持住足够的信心和耐心。

（3）加强对个人情感的培养和调节

在人们的创造性活动中,积极、健康、稳定的情感是激发人的创造性想象活动的重要心理因素。积极的情感,如镇静、乐观、愉快,可以促进思维活动的进行;而消极的情感,如悲伤、烦躁、焦虑等,则有碍于思维活动的进行。

情感丰富的人，他们的想象充满了生动的色彩。为了追求真理，改革社会，发展科学，要敢于突破权威禁区，打破陈规陋习，提出科学创见。这种大智大勇、无所畏惧、为真理勇于献身的情感正是创造者应具备的品格。

6. 积极思考，保持头脑灵活

心理研究表明，不存在无疑问的人生。胡克教授在他所著的一部叫《人生如痴人说梦》的书中，解剖白痴心理时说道："白痴的疑问经由一个正常人无法企及的感觉通道发挥作用，几乎个个问题都与生命的大问题相关。也就是说，白痴的思维逻辑里蕴藏着解决基本问题的奇妙方法。可惜我们太正常了，无法理解其运行方式。"言语之间，甚至对"正常"也提出了怀疑。

詹姆斯·艾伦说："学会了问问题，就已经学会了思考。"思考将带来新的问题。基布尔学院的威廉·休斯克教授在心理研究教师团里能够自成一家地独立出来，主要依赖于他对人的早期心理研究卓有成效，使牛津大学在心理研究上有了自己的一张王牌。威廉·休斯克的最著名结论是："个性从第一个疑问开始形成。"他认为婴儿时代的疑问将人生导向疑问的深渊。他认为如果婴儿对周围环境表现出好奇和敏感，最终将成长为具有社会倾向的个性；而对自己的身体感兴趣的婴儿，最终将具备内省式的个性。

人生必在思考中度过。我们最基本的生活方式是思考。一个人不惯于思考，生活就变得机械、麻木，没有了创造力，根本不可能成就一个了不起的个性，永远是三流人物。

一个人要想保持头脑灵活，必须掌握一定的诀窍，主要包括：

（1）经常用脑

思考对大脑来说，如机器运转，不思考的大脑就会像久停的机器一样锈蚀。经研究证明，人脑智能远未完全被开发出来。经常用脑无疑是开发智能的良方，多阅读多提问，能促进脑细胞更好地新陈代谢，提高思考和记忆力。

（2）信息筛选

人脑可贮存1千万亿条信息。如此多的信息如不加以筛选，必将互相干扰，影响思考效果。每天都应该对进入脑中的信息做一次回忆整理，分清主次，对主要信息可用脑力去思考并进行记忆，对次要信息则可以不做强化记忆。

（3）有张有弛

在大脑神经细胞中，各细胞群之间有一定的分工。当思考研究某一问题的时间过长时，人往往会感到疲劳，效率会下降。这时可转换一下思考内容，或者去阅读一下图书资料。这样有助于脑细胞功能的恢复。当脑力工作疲劳时，可转换一些体力劳动和娱乐活动，这样可使紧张的脑神经松弛下来。

（4）体质投资

高效率的脑力工作必须有良好的身体做保证。思考中脑细胞对氧的需求量很高，体质差的人吸收氧的能力低，常常大脑供氧不足，因此思考时间长了就会头晕。如此说来，加强锻炼，增加营养，对健脑补神都是很重要的。在主食中增加蛋白质、葡萄糖、卵磷脂类食品对大脑很有益处。另外，充足的睡眠也是补养大脑的方法。睡眠是精力源泉，是患者的良药。生理学家证明，良好的睡眠有助于记忆整理。睡眠时大脑可以对白天积累的信息进行自动调整，为日后使用提供资料。

第四章 培养孩子创造的习惯

好习惯是这样养成的

1. 人人都是创造之人

所谓创造，就是运用个人的聪明才智产出独特而有价值的产品。这种产品，可以是方法、理论、学说，也可以是物品、作品等。所谓创造力，是人们运用已有的信息，生产出某种新颖、独特、有社会或个人价值产品的能力。创造力的核心成分是创造性思维，有时还包括创造性想象。

一位学者指出：人人都是创造之人。发明创造不仅是大科学家和少数天才的专利。也就是说，你不一定非要成为爱迪生或瓦特，但可以提出有创意的办法，可以在改进或革新日常生活用品中做出成绩，谁能说这不是发明创造呢？

重要的是青少年的小发明小创造，不仅仅在于其本身，它的深远意义在于培养创造性思维和动手能力，给未来从事大的发明、高科技研究打下基础。因为小创造小发明是引发人的才智的一把钥匙，甚至能导致才智的全面升华。古今中外，许多科学家的伟大发明与创造都是从"小发明"开始的。正是他们在平常人熟视无睹的"小发明"中，培养和锻炼了想象力与创造力，为他们以后的伟大创造奠定了基础。

有的人还可能认为，青少年即使能搞创造发明，那也是学习成绩优秀、智力超群的人才敢于问津的；智力平平，连学习成绩搞上去都很困难的人，又怎么能有创造发明呢？其实这种想法是不对的，不要自己把自己埋没起来。

诚然，学习成绩优异，说明文化知识基础掌握得比较好，但知识并不能代替创造。如果知识学得很死，埋头抠书本，盲目抓分数，不会灵活运用知识，这样的人不可能有所创造。反之，成绩差的同学，并不说明其他都差。"尺有所短，寸有所长"，每个人都有自己的短处，也有长处，长处就是"黄金点"，发挥好就能创造产品。

心理学研究认为：一般而言，大脑的先天禀赋、发展潜力都是基本相同的，

第四章
培养孩子创造的习惯

有差别也并不大,除了白痴及某些疾病患者,所有的人都具有创造潜力,都有完成某种发明的可能。只不过一般人的潜在创造力没有开发和利用起来,而发明者的创造力得到了开发和利用而已。大家都知道,爱迪生小时候成绩并不好,钱钟书的数学成绩也曾经很差。

人脑是用进废退的。越用越灵,越有创造力;越不用越沉睡,越迟钝笨拙。青少年的大脑的创造力是有待开发的矿藏和宝库,应该珍惜、开发和利用它。

有的人又会说,环境太平凡了,生活太单调了,不可能有什么创造,这也是模糊认识。其实不是平凡中、单调中没有创造,而是缺少发现,缺少发明的意识。

有了创造的习惯和意识,就能够平中见奇,平凡中见伟大。一张白纸够平凡、够单调了,可是,几年前一位同学就从小纸片上产生灵感,并在全国科技发明比赛中得了奖。纸片的两面都是胶,这有什么用呢?这叫软图钉。本来一张图画挂到黑板上去要用图钉,现在只要用这个小纸片就行了。再如,一支绣花针很平常,但由于原来的绣花针一头尖,绣花时颠来倒去不方便,有个同学搞了两头尖、孔在中间的针,绣起花来既方便又加快了速度。这项发明获得全国一等奖。你说这不伟大吗?

一位教育专家指出:"什么叫创造?我想只要有点新意思、新思想、新观念、新设计、新意图、新做法、新方法就可称得上创造。我们要把创造的范围看得广一点,不要把它看得太神秘,非要新的科学理论产生才叫创造,那就高不可攀了。创造可以从低级到高级,知识少、能力不强的幼儿、少年也可以创造,当然那是低级的。很多科学、技术、文化、艺术上的创造需要很多的知识、很强的能力,那是高级的;没有低级的创造习惯,

也就不能发展高级的创造。"

也就是说，日常生活中总会有不合理、不方便、不习惯、不顺手、不科学的用具、用品和方法，把它革新或改进一下，就是创造发明。如果我们从这个角度来想问题，就会看到，生活处处有创造，发明就在我们身边。只要努力，人人都可以成为创造发明者。

2. 别轻视小小的创意

所谓的创造力，即能想出新的方法、点子来处理一切我们所面对的问题的能力。

创造力和创造性思考，在以往总被认为只有从事科学、技术、艺术等专业工作的人才具有。的确，科学、艺术等工作是非常需要创造力的，然而创造性思考，不限于某种特定工作范围，而且也不只是从事某种特定工作的人才具有。

下面是几个关于创意的小故事，它们的主人公都是同你我一样的普通人。这些发明，现在已成为人类生活的一部分，并为它们的发明者带来了巨大的收益。看过这些故事后请想一想，是否你还是认为自己毫无创造的能力呢？

（1）"瞥"出来的邮票打孔机

1848年的一天，英国发明家亨利·阿察尔在一家小酒店喝酒，偶然看见一位客人正拿出一枚邮票想贴到信封上寄走。可是，他摸遍了衣服所有的口袋，发现忘了带剪刀。犹豫片刻，他取下了别在西服领带上的一枚别针，在各个邮票连接处刺了一行行小孔，很整齐地把邮票扯开了。这一幕深深地印在亨利·阿察尔那勤于思考的脑海里。

时隔不久，一种新的机器——邮票打孔机，在亨利·阿察尔的实验室里制造出来了。从此以后，人们可以很方便地把邮票分开，让带着整齐齿纹的邮票走遍世界的每个角落。

（2）蛋卷冰淇淋

哈姆威原是一名糕点小贩，1904年在美国路易斯安那州举行的世界博览会期间，他被允许在会场外面出售甜脆薄饼。他的旁边是一位卖冰淇淋的小贩。夏日炎炎，冰淇淋卖得很快，不一会儿盛冰淇淋的小碟便不够用了。忙乱之际，哈姆威把自己的热煎薄饼卷成锥形，来当做小碟用。结果冷的冰淇淋和热的薄饼巧妙结合在一起，受到了出乎意料的欢迎，被誉为"世界博览会的真正明星"，获得了前所未有的成功。这种产品就是今天的蛋卷冰淇淋。

（3）6岁的老板

麦克·莱特是吉利卡片公司的老板，也是加拿大最年轻的企业家之一。他6岁时，某次参观完博物馆之后，就开始打算，看自己能不能画几幅画来卖钱。他的母亲建议他把画印在卡片上出售。由于他有一些与众不同的构想，所以很快就走上了成功之路。

莱特在母亲的陪伴下，挨家挨户去敲门，言简意赅地说出要点："嗨！我是麦克·莱特，我只打扰一下，我画了一些卡片，请买几张好吗？这里有很多张，请挑选你喜欢的，随便给多少钱都行。"他的卡片是手工绘在粉红色、绿色或白色的纸片上，上面有一年四季的风景。莱特每周工作六七个小时，平均每张卖7角钱，一小时可以卖25张。

不久，莱特就发现自己需要帮手，他立刻请了10位员工，大都是小画家。他付给他们的费用是每张原作2角5分。后来由于把业务扩展到邮购，所以莱特越来越忙碌。第一年做生意，莱特已经成了媒体上的名人，他上过许多著名的新闻媒体，他的名字几乎是家喻户晓。

莱特有别出心裁的点子，不在乎自己的年龄，再加上母亲的鼓励，小小年纪就有了自己的事业。

你是否也有别具创意的好点子？果真如此，你还等什么呢？

就像上面几个例子，好点子不介意主人的年龄、性别、职业，也不在乎主人怎样运用它,只要勇于将新点子付诸实施,就一定会将其变成现实!

世界上许多畅销的品牌都因一个小小的创意而产生,如果脑中的一个闪念被忽略,也许就与成功失之交臂了。仔细想一想这些例子,就不应该怀疑自己了。

3. 创意不以成败论好坏

有些创意从思维的角度来看很巧妙,大多数人都预测它会成功,但结果却出人意料,于是人们就会认为这是一个垃圾创意,弃之不用。

事实上,一个创意的失败原因是多方面的,实施者、实施时间、实施地点不同,都会导致迥然不同的结果。因此,当一个被普遍看好的创意失败时,首先考虑的应该是实施过程是否有问题,而不是创意本身。

一位名叫艾迪的自由撰稿人有一年去法属圭亚那采风,在养蜂人家中吃到了一种名叫"杀人蜂"的蜜蜂的蜂蜜,这种蜂蜜看起来很稀,但味道很甜。艾迪突然想到:"杀人蜂蜂蜜,是圣诞节、情人节和庆贺生日时的最佳礼品。如果经营这项事业,肯定能够成功!"

艾迪产生这个创意,一是因为蜂蜜味甜,二是因为曾有报刊大肆就杀人蜂做文章,"杀人蜂席卷德克萨斯"之类的惊呼让大部分美国人对这种外来的蜜蜂既熟悉又陌生。

回国后,艾迪马上着手策划新事业。他聘请了一位艺术家设计装蜜的瓶子,同时找到了一位做过生意的合伙人。因为每件事都是从头做起,花费的成本远远超过预想,一小瓶蜂蜜不算其他花费,光成本就超过 1 美元。在这种成本下销售,他们必须销售掉 1.2 万多瓶蜂蜜才能达到损益平衡,想赚到他们理想中的 100 万美元,还要销 130 万瓶。这可不是一个小数字,没有庞大的销售网络和赶上销售旺季根本不可能实现,可惜这些都没有。一年过去了,没有人再去注意"杀人蜂蜂蜜",艾迪灰心丧气,他解散了公司,清偿了债务,重操旧业,成为报刊自由撰稿人。

客观地说，"杀人蜂蜂蜜"作为圣诞节、情人节、生日礼物是一个比较好的创意，有一定的新意和寓意，其失败原因不在创意本身。首先，艾迪经验不足，过低估计了成本，又过高估计了市场需求。其次，对市场需求的刺激不足，企业没有给予足够的需求范围和力度。还有一个最根本的原因，就是艾迪没有像许多成功企业家那样抱有必胜的欲望，"轻轻松松赚大钱"显然只是童话。

从失败中学习比从成功中学习来得深刻，即使某项创意本身有问题，我们也可以从中吸取教训，在以后的创意中设法避免，设想出更可行的新创意。

绝处逢生，否极泰来对创意来说同样适用。

知识链接

IBM

国际商业机器公司或万国商业机器公司，简称 IBM（International Business Machines Corporation）。总公司在美国纽约州阿蒙克市。1911年由托马斯·约翰·沃森创立于美国，是全球最大的信息技术和业务解决方案公司，拥有全球雇员40多万人，业务遍及160多个国家和地区。

4. 换一种方式去创造

一种思想历久不衰并不是好事，因为思想本身最终总是要变得陈腐的。人是向好的，总是不断把社会推向进步和光明。

著名诗人爱默生说过一句哲理性的名言："一个人的样子就是他整天所想的那个样子，他不可能是别种样子！"也就是说，一个人的思想决定了他的长相，决定了他的一切。只要我们知道他在想什么，就知道他是怎样的一个人。

好习惯是这样养成的

我们的生存方式，完全决定于我们的思考方式。如果我们想的都是伤感的事情，我们就会悲伤；如果我们想到一些可怕的情况，我们就会害怕；如果我们想的都是失败，我们就会失败；如果我们沉浸在自怜里，大家都会有意躲开我们。为了改变我们的生存方式，增加我们做事的资本，就要换一种方式去创造、去变革。

在IBM管理人员的桌上，都摆着一块金属板，上面写着"创造"这个词，这二字箴言，是IBM的创始人托马斯·约翰·沃森创造的。1911年12月，沃森还在担任国际收银公司销售部门的高级主管。有一天，天气十分寒冷，沃森主持了一项销售会议，会议进行到了下午，气氛沉闷，无人发言，大家逐渐显得焦躁不安，有人甚至在闭目养神。

看着大家一副无精打采的样子，沃森在黑板上写下了"创造"两个字，然后对大家说："我们共同的缺点是，对每一问题都没有去充分地思考。别忘了，我们都是靠动脑筋赚得薪水的。"

在场的国际收银公司的总裁巴达逊对"创造"大为赞赏，当天，这个词就成为国际收银公司的座右铭。3年后，它随着沃森的离职，变成了IBM的箴言。

"创造"是沃森从多年的推销员经验中孕育出来的。他1895年进入国际收银公司当推销员，从公司的"推销手册"中学到许多推销的技巧。但理论与实践总有一段距离，所以他的业绩很不理想。同事告诉他，推销不需要特别的才干，只要用脚去跑、用嘴去说就行了。沃森照做了，但还是到处碰壁，业绩很差。后来，他从困厄中慢慢体会出，推销除了用脚与嘴巴之外，还得靠大脑。想通了这一点后，他的业绩大增。3年后，他成为业绩最好的推销员。这就是"创造"二字箴言的由来。

事业、工作是获得幸福的源泉，但是，世界上的一切事物都是在不断发展的，因此，事业要获得新的成就，人要得到新的幸福，必须依靠人的创造精神。创造活动是人类社会发展的福音，创造使人类更添光彩，使人生更具有价值，它是人类获得新的幸福的永恒动力。

有些人总是觉得创造很神秘，似乎它只有极少数人才能办到。其实，创造有大有小，内容和形式可以各不相同。在当今社会，创造活动已经不仅仅是科学家、发明家的事，它已经深入到普通人的生活中，很多人都可以进行创造性的活动，生活、工作的各个方面都可以迸发出创造的火花。人们在事业上新的追求、新的理想、新的目标会不断产生，在为新的事业进行奋斗中，实现了这些新的追求、理想、目标，就会产生新的幸福。创造是永无止境的，人类的幸福是没有终点的，人的幸福的实现是一个不断发展、不断创造的过程。

知识链接

第四只眼

所谓人的"第四只眼"，本质上说的是人的独创性。独创性常常表现为打破常规。打破常规，就要求思维具有批判性；追求与众不同，就要求思维具有求异性。"第四只眼"常常用一种近乎挑剔的眼光看问题，并总是能提出与众不同的、罕见的、非常规的想法。

5. 如何提高创造力

印度一位学者曾写过一本讲述创造学的书，名为《第四只眼》。他说，人有两只眼，神有三只眼。如果通过创造力开发，那么人就会比神还聪明，就会有第四只眼。

好习惯 是这样养成的

创造力人人都有，人和人的差异在于有的人注重创造力的开发，因而显得创造力强些；有的人未和创造力结缘，因而显得创造力弱一些。

（1）安静

有人出了个题目给两位画家，要他们各画一张表达同一意思"安静"的画。

一个人画了一个湖，湖面平静，好像一面镜子，另外还画了些远山和湖边的花草，让它们倒映在水面，也看得清清楚楚。

另一个人则画了一个激流直泻的瀑布，旁边有一棵小树，树上有一根小枝，枝上有一个鸟巢，巢里有一只小鸟，那只小鸟正在窝里睡觉。这个画家真正能了解"安静"的意义，而另一个画家所画的湖，不过是一池死水罢了。

（2）骆驼群

有一位画师收了几个徒弟，为了测试徒弟们的天赋，画师让他们用最简练的笔墨画出最多的骆驼。结果当答卷交上来时，师傅发现，几个徒弟的画法有很大的差异。

几个大徒弟在纸上画了大量的圆点，用圆点表示骆驼。但这些画都被画师认为缺乏创意，因为这几幅画的思路是一样的，即尽可能画更多的骆驼，而纸上无

论画多少，都是有限的。只有小徒弟的画最有独创性：他画了一条弯弯的曲线表示山峰和山谷，画上有一只骆驼从山谷中走出来，另一只骆驼只露出一个头和半截脖子。这幅画的创意在于，谁也不知会从山谷里走出多少只骆驼，或许就是这一二头，或许三四头，或许是一个庞大的骆驼群。

（3）给国王画像

以前有一位国王，他缺手断腿，但好大喜功。国王很想将他那副尊容画下来，留给后代子民瞻仰，就请来全国最好的画家。那个画家的确是第一流的，画得很逼真，栩栩如生，很传神。但是国王看了之后很难过，说："我这么一副残缺相，怎么传得下去！"就把画家给宰了。

国王又请来第二个画家，因有前车之鉴，第二个画家不敢据实作画，就把国王画得完美无缺，把缺的手补上去，把断的腿补上去，国王看了之后更难过，说："这个不是我，你在讽刺我。"又把他给宰了。

后来又请来第三个画家，第三个画家怎么办呢？写实派的给宰了，完美派的又给宰了。他想了好久，急中生智，画国王单腿跪下闭住一只眼瞄准射击，把国王的优点全部暴露，把他的缺点全部掩盖。这幅画国王看了之后十分满意。

好习惯是这样养成的

上面是几则关于创造力的故事，从中看出所谓创造性思考，简单说来即是大部分人想不到的构想，是首创前所未有的事物的意思，"创者，始造之也"。创造过程的实质是建立某种新东西，而不是原来某种东西的再现。这就是说，创造性就是非重复性，创造意味着发现、发明、革新，它标志着突破和前进。

如何提高创造力？请利用下面3个方法来发展它：

（1）随时记下创意

好记忆不如淡墨水。我们每天都有许多新点子，却因为没有立刻写下来而消失了。一想到什么，就要马上写下来。有丰富的创造性心灵的人都知道，创意可能随时翩然而至，不要让它溜走，记下来。

（2）定期复习创意

把创意装进档案中，这个档案可能是个柜子、抽屉、鞋盒。可以定期检查自己的档案，从中寻找灵感。

（3）培养完善创意

要增加创意的深度和范围，把相关的事物联合起来，从各种角度去研究。时机一成熟，就把它用到生活和工作当中，以便有所改进。

6. 思维定势：创新思维的头脑枷锁

大多数人总是自觉不自觉地沿着以往熟悉的方向和路径进行思考，而不会另辟新路，这叫思维定势，它是创新思维的头脑枷锁。

科普学家阿西莫夫从小就很聪明，智商测试得分总在160分左右，属于"天赋极高"之列。有一次，他遇到一位熟悉的汽车修理工。"嘿，博士！我给你出一道题，看你能不能答出来。"修理工对阿西莫夫说。阿西莫夫点头同意，修理工便开始说他的问题："一位聋哑人想买几根钉子，就对售货员做了这样一个手势：左手食指立在柜台上，右手握拳做出敲击的样子。售货员见状，拿来一把锤子,聋哑人摇摇头,于是售货员明白了他想买钉子。聋哑人走后又来了一位盲人,他想买一把剪刀。请问,他会怎么做呢?"

阿西莫夫立即回答:"他肯定会这样——"他伸出食指和中指,做出剪刀的形状。汽车修理工听了阿西莫夫的回答开心地笑起来:"哈哈,答错了吧!盲人想买剪刀,只要开口说'我要剪刀'就行了,干吗做手势呀?"修理工接着说:"其实在问你之前我就知道你肯定答不对,因为你所受的教育太多了,不可能很聪明。"

思维定势简单地说就是把对待事物的观点、分析、判断都纳入了程序化、格式化的套路,对具体问题的分析判断僵化、机械,从而失去了它的灵活性。

对于思维定势,也不能全盘地予以否定。比如,脑子中存有家庭的思维定势,它包括家庭位置、周围环境及家庭内部环境和人员组成等等,对我们来讲就是有用的,每天回家就不用再想"我的家在哪儿""我的妻子儿女是谁"等一些问题了,甚至在喝醉了酒的情况下也能找到家门。这是对待简单的方面而言的,它有一定的快捷作用。而对于一些复杂的问题,就不能再沿袭此类的套路。

以下是一组摆脱思维定势的训练题。它的真正意义在于促使我们探索事物存在、运动、发展、联系的各种可能性,从而摆脱思维的单一性、僵硬性和习惯性,以免陷入某种固定不变的思维框架。

(1)广场上有一匹马,马头朝东站立着,后来向左转了270°。请问,这时它的尾巴朝向哪个方向?

(2)你能否把10枚硬币放在同样的3个玻璃杯中,并使每个杯子里的硬币都为奇数?

(3)天花板下悬挂两根相距5米的长绳,在旁边的桌子上有些小纸条和

好习惯是这样养成的

一把剪刀。你能站在两绳之间不动，伸开双臂双手各拉住一根绳子吗？

（4）玻璃瓶里装着橘子水，瓶口塞着软木塞。既不准打碎瓶子，弄碎软木塞，又不准拔出软木塞，怎样才能喝到瓶里的橘子水？

（5）钉子上挂着一只系在绳子上的玻璃杯，你能既剪断绳子又不使杯子落地吗？（剪时，手只能碰剪刀）

（6）有10只玻璃杯排成一行，左边5只内装有汽水，右边5只是空杯。现规定只能动两只杯子，使这排杯子变成实杯与空杯相交替排列。如何移动两只杯子？

（7）有一棵树，树下面有一头牛被一根2米长的绳子牢牢地拴着鼻子，牛的主人把饲料放在离树恰好5米之处就走开了。这牛很快就将饲料吃了个精光。牛是怎么吃到饲料的？

（8）一只网球，使它滚一小段距离后完全停止，然后自动反过来朝相反方向运动，既不允许将网球反弹回来，又不允许用任何东西打击它，更不允许用任何东西把球系住。怎么办？

第五章
培养孩子合作的习惯

好习惯是这样养成的

1. 杰出青年善于与他人合作

有一个古老的故事：一个瞎子和一个跛子，被大火围在一座楼房里，危在旦夕，眼看只能坐以待毙，但四肢健全的瞎子和眼睛完好的跛子，却聪明地组合成一个完整的"身体"：瞎子背起跛子，跛子指路，终于从大火中死里逃生。

在生活中，每个人都有自己的缺点和短处，所以我们需要他人来弥补自身的缺点和不足。一项事业的成功，往往是多人共同合作的结果。事业愈是伟大，就愈显群体合作的特点。世界上第一颗原子弹的研制，如果没有爱因斯坦、费米、西拉德和罗斯福等人的共同合力，那团辉煌的"蘑菇云"就不可能冉冉升起。

合群能使自我的知识、阅历和能力快速增长。你有一个苹果，我有一个苹果，交换一下，各自还是只有一个苹果；你有一个思想，我有一个思想，交换一下，各自将有两个思想。由此类推，人与人的交流结果，各自的思想将以几何级增长。

美国著名的国际时事分析专栏作家李普曼先生，在利用群体的力量方面可谓聪明之至。今天，全世界许多新闻工作者都知道李普曼。

李普曼年老时，少有时间和精力去"周游列国"，这对时事分析专栏的写作来说是致命的——因为没有第一手资料，但李普曼有高招。比如，专栏即将要分析非洲某个国家的局势，李普曼掏出"备忘录"，了解清楚哪位年轻力壮的记者到过这个国家并进行过详细采访，然后庄重地向这个记者发出请柬——共进晚餐。当然，晚餐的主要内容除了吃饭，还有更重要的内容——谈论那个国家的局势。在这种情形下，没有哪个记者不会兴奋地和盘托出。

晚餐毕，李普曼便开始运用其深厚的理论素养，结合刚刚从记者那里"得"来的实际情况，潇洒地写起时事分析专栏来。

也许，有人会指责李普曼的行为是"智力剥削"，但不少记者宁愿创造机会受这样的"剥削"。因为在受这种"剥削"的同时，他们也获得了特别珍贵的补偿——知名度大增。人之所以能愉快地合作在一起，大抵基于相互需要。

成功者的道路有千千万万，但总有一些共同之处。在"杰出青年的童年与教育"调查中，我们也能够看到，杰出青年大多数是善于与他人团结协作的人，团结协作是许多成功人士的共同特性。

合作是一件快乐的事情，有些事情人们只有互相合作才能做成，不合作他不能成功，我们也不能成功。美国加利福尼亚大学副教授查尔斯·卡费尔德对美国1500名取得了杰出成就的人物进行了调查和研究，发现这些杰出成就者有一些共同的特点，其中之一就是与自己而不是与他人竞争。他们更注意的是如何提高自己的能力，而不是考虑怎样击败竞争者。事实上，对竞争者的能力（可能是优势）的担心，往往导致自己击败自己。多数成功者关心的是按照他们自己的标准尽力工作，如果他们的眼睛只盯着竞争者，那就不一定会取得好成绩。

帮助别人就是壮大自己，帮助别人也就是帮助自己，别人得到的并非是我们自己失去的。在一些人的固有思维模式中，一直认为要帮助别人自己就要有所牺牲，别人得到了自己就一定会失去。比如我们帮助别人提了东西，我们就可能耗费了自己的体力，耽误了自己的时间。

其实很多时候帮助别人，并不就意味着自己吃亏。如果我们帮助其他人获得他们需要的东西，我们也会因此而得到自己想要的东西，而且我们帮助的人越多，得到的也越多。

生活就像山谷回声和播种，我们付出什么，就得到什么；我们耕种什么，就收获什么。

我们在个人生活和职业生活中的成功，取决于我们与他人合作得如何。养成善于合作的习惯，我们的事业会更加成功，生活会更加愉快。

好习惯是这样养成的

知识链接

加利福尼亚大学

加利福尼亚大学，简称加州大学（UC），是位于美国加州的一个由10所公立大学组成的大学系统，也是世界上最具影响力的公立大学系统之一，被誉为"公立高等教育的典范"。加州大学起源于1853年建立在加州奥克兰市的加利福尼亚学院，1868年更名为加州大学，同时为了纪念18世纪最伟大的哲学家之一——乔治·贝克莱，最终定名为加州大学伯克利分校，而伯克利也成为加州大学的起源和最早的校区。

2. 合作可以取长补短

每个人的能力总是有限的。有些人精力旺盛，认为没有自己做不到的事。其实，精力再充沛，个人的能力还是有一个限度的。超过这个限度，就是力所不能及的，也就是人的短处了。每个人都有自己的长处，同时也有自己的不足，这就需要与他人合作，用他人之长补己之短，养成合作的习惯。

人的性格和能力是有差别的，这些差别是长期养成的，不能说哪一种类型就一定好，哪一种类型就一定坏。正是这些不同，每个人所能从事的工作性质就不一样。要想有所作为，首先得明白自己的性格和能力，然后选定一个适合自己的工作目标。在与人合作时，也应注意分析别人的性格特点，尽可能使每个人都能找到适合于自己的工作。也就是他能弥补你的短处，你能补救他的不足。

最好能从事与自己个性相契合的工作，这样就一定会全心全意做好这项工作。世界上最大的悲剧，也即最大的浪费就是，大多数人从事不适合其个性的工作。过去的社会体制限制着个人，使得他们没有选择的权利。现在的社会，选择余地越来越大，好多人却仍然只是选择或从事从金钱观点看来最为有利可图的事业或工作，根本没有去考虑自己的个性和能力。现在，社会为人们提供了便利的条件和宽松的发展环境，你可以自由择业，这样的机会你一定要把握好，才不会在将来回首往事时感到遗憾。

只有充分发挥自身优势并能利用他人优势来弥补自己不足的人，才会在今天的社会中取得成就。

知识链接

联合国教科文组织

联合国教育、科学及文化组织，是联合国（UN）专门机构之一，简称联合国教科文组织（UNESCO）。1945年11月1日-16日，二战刚刚结束，根据盟国教育部长会议的提议，在伦敦举行了旨在成立一个教育及文化组织的联合国会议（ECO/CONF）。约四十个国家的代表出席了这次会议。这个新的组织总部设在法国巴黎丰特努瓦广场，其宗旨是促进教育、科学及文化方面的国际合作，以利于各国人民之间的相互了解，维护世界和平。联合国教科文组织主要设大会、执行局和秘书处三大部门。截至2016年，联合国教科文组织有成员国195个。中国是联合国教科文组织创始国之一。

3. 合作已成为人类生存的手段

我们正处于一个合作的时代，合作已成为人类生存的手段。因为科学知识向纵深方向发展，社会分工越来越精细，人们不可能再成为百科全书式的人物。每个人都要借助他人的智慧完成自己人生的超越，于是这个世界充满了竞争与挑战，也充满了合作与快乐。

好习惯是这样养成的

合作不仅使科学王国不再壁垒森严，同时也改写了世界的经济疆界。在21世纪的今天，世界范围内的科学与技术的合作早已超越了国界线，许多大公司开始做出跨国性联姻，财力物力与人力的重新组合，导致了生产效率的提高和社会物质财富总量的增加，必将使科学技术的成果在更广泛的范围内造福于人类。

联合国教科文组织"国际21世纪教育委员会"报告（《学习：内在的财富》）指出："学会共处"是对现代人的最基本的要求之一。

学会共处将成为21世纪全球化重要特征，成为人与人之间、民族与民族之间、国家与国家之间互相依存程度越来越高的时代提出的一个十分重要的教育命题。它的原意是学会共同生活，学会与他人共同工作。

（1）学会共处，首先要了解自身，发现他人，尊重他人。教育的任务之一就是要使学生了解人类本身的多样性、共同性及相互之间的依赖性。了解自己是认识他人的起点和基础，所谓"设身处地"，就是讲的"由己及人"和"己所不欲，勿施于人"。

（2）学会共处，就要学会关心，学会分享，学会合作。仁爱，从来就是中华民族的传统道德准则；"四海之内皆兄弟"，一直是相传千年的社会理念；"互相关心，互相爱护，互相帮助"，更成为我国多民族社会主义大家庭的时代风尚。市场经济条件下的激烈竞争无疑给传统的群体主义、社会至上的价值观念带来了负面的影响，我们一方面要倡导在法律规范内的公平竞争，利用其有利于发挥个人首创精神和提高经济效益的积极方面，另一方面更要发扬和倡导先人后己、毫不利己、互相合作的集体主义精神。

（3）学会共处，就要学会平等对话，互相交流。平等对话是互相尊重的体现，相互交流是彼此了解的前提，而这正是人际、国际和谐共处的基础。家庭之内，父母和子女之间如朋友般的思想交流不但是消除"代沟"的重要途径，而且是孩子成长的重要条件。

（4）学会共处就是要学会用和平的、对话的、协商的、非暴力的方法处理矛盾，解决冲突，这对于人与人之间、群体之间、民族之间、国家之间的矛盾都同样适用。学会共处，不只是学习一种社会关系，它也意味着人和自然的和谐相处。从我国古代"天人合一"的传统思想到当代世界倡导的"环境保护""可持续发展"，无不指明了学会与自然"共处"的重要性。这种学习，像其他学习一样，也包括了知识、技能、态度、价值观念的心得和养成。

我们要学会共处，主要不是从书本中学习，它的最有效途径之一，就是参与目标一致的社会活动，学会在各种"磨合"之中找到新的认同，确立新的共识，并从中获得实际的体验。

4. 人格魅力是与人合作所必须具备的

著名的经理人江健雄曾经说："有些人生来就有与人交往的天性，他们无论对人对己，处世待人，举手投足与言谈行为都很自然得体，毫不费力便能获得他人的注意和喜爱。可有些人便没有这种天赋，他们必须加以努力，才能获得他人的注意和喜爱。但不论是天生的还是后天努力的，他们的结果无非是博得他人的善意，而那获得善意的种种途径和方法，便是'人格'的发展。"

人格是用来充实内心世界的精神结晶。人具有充实的内心世界，就犹如通了电的灯泡，向四处散发着光芒。

有人把人格魅力比做花香，"梅檀香风，可悦众心。"又说："花香不会逆风雨飘尽……然善人之香气可逆风飘散，正人君子的香气是洋溢四方的。"又说："道风德香熏一切。"道德就是人格魅力的本体，诚信则是人格魅力的表现，而手段、点子，只是一种飘忽不定、甚至令人生厌的假香而已。这就是为什么有人广结广交，有人寡义寡交，有人身边人才荟萃，有人却是光杆司令的原因。

西汉末年，王莽篡权后，骄奢淫逸，民不聊生，各路豪杰和农民起义军纷纷兴起，与王莽政权斗争。结果，王莽政权被推翻了。然而在王莽政权倾覆之后，各路豪杰为争皇位，又打得不可开交，其中一支是由刘秀领导的队伍。刘秀采纳了部下邳彤的建议，用大司马的名义，召集人马，又招募了四千精兵。他的部将任光向天下宣告说："王莽冒充刘氏宗室，诱惑人民，大逆不道。大司马刘公从东方调百万大军前来征伐。一切军民，归顺的，既往不咎；抗拒的，决不宽容！"任光派骑兵把这个通告分发到巨鹿和附近各地。老百姓看到通告，纷纷议论，把消息越传越远。王莽手下的兵将听到了，都害怕起来，好像大祸临头似的。

刘秀亲自率领四千精兵，打下了邻近好几座县城，势力渐渐强大起来。没过多少日子，又有不少地方首领看到了通告，率兵前来投靠刘秀。刘秀向巨鹿发起了攻击。

不久，刘玄也派兵来征伐王莽。两路大军联合在一起，连续攻打了一个多月，仍然没有攻破巨鹿城。有几位将领对刘秀说："咱们何必在这儿多耗时日呢？不如直接去攻打邯郸。打下了邯郸，杀了王莽，还怕巨鹿城不投降吗？"刘秀采纳了他们的建议，留下一部分兵马继续围攻巨鹿，自己带领着大军去攻打邯郸，接连打了几个胜仗。王莽的军队支撑不住了，就打开城门，献城投降。刘秀率领大军进入邯郸，杀了王莽。

刘秀住进了王莽在邯郸修建的宫殿，命令他手下的人检点朝中的公文。这些公文大部分是各郡县的官吏和豪绅大户与王莽之间往来的文书，内容大多数是奉承王莽，说刘秀坏话，甚至帮助出主意剿杀刘秀的。对这样的文书，刘秀看也不看，把它们全都堆在宫前的广场上，并召集全体官吏和将士，当着他们的面，把这些文书全都烧掉了。有人提醒刘秀说："您怎么就这样烧掉了呢？反对咱们的人都在这里头呐，现在连他们的名字都查不着了。"刘秀对他们说："我烧掉这些，就是要向所有的人说明，我不计较这些已经过去的恩恩怨怨，好让大家都安心，让更多的人拥护我们。"

劝说的人这才明白过来，刘秀不追究那些曾反对过自己的人，那些人就会心悦诚服地服从刘秀，而不会因为害怕刘秀报复，投入反对刘秀的营垒。大伙儿都佩服刘秀的深谋远虑和开阔胸襟。一些过去反对刘秀的人，见了刘秀的这种举动，反而愿意为刘秀效力了。刘秀赢得了人心，得到了更多人的支持，最后终于成为东汉的开国皇帝。

没有道德修养则无诚信示人，无诚信示人则无人格魅力，无人格魅力则人缘寡寥。

第五章
培养孩子合作的习惯

一个人获得成功之前,他必须以高尚的人格得到人们的尊敬,否则,他就无法赢得别人的合作。锋利的言辞,冷漠地对待他人的态度,有意无意的怪癖……所有这些恶劣的人格,都将使这个人得不到与别人的合作,至少是很难得到人家的尊敬。

合作不能靠命令来维护。人们在完成合作的任务时,如果仅仅是因为害怕,或者出于经济上的不安全感,那么,这种合作很多地方是不会令人满意的。因为,这样做便把合作的精神忽略了,而正是这种精神,心甘情愿的合作态度,对成败具有重要的影响。

你的工作要得到别人的支持而不是反对,必须唤起别人合作的愿望,使他们直接或间接地看到自己的利益。人们都希望得到的是这样一种赏识:承认他们正在做的工作是很有价值的,是值得花时间和精力去做的工作。他所做的事情,对他的人生旅途非常重要。

得到最佳合作的关键,是给予人们与他们才能相称的、有意义的工作,并且承认和肯定他们迈出的每一步。这就强调了一个事实:要不断地得到合作,就必须让人们做有意义的事情。

以下是合作的经验之谈:

(1)尊重他人,关心他人,乐于帮助他人;

(2)对人富有同情心,并且一视同仁;

(3)不过分取悦别人,并且有谦逊的品质;

(4)宽容厚道,不苛求他人;

(5)持重耐心,为人可靠,对人、对集体有强烈的责任感;

(6)性格外向,喜欢与人交往;

(7)具有与他人建立和维持和谐关系的良好愿望。

好习惯是这样养成的

5. 努力培养自己的合作精神

合作的好处是：在被参与者的社会交往中，在改善彼此关系的同时，往往能减少偏见，消除双方的思想差异。参与合作项目的人往往更加热情地投入到他们的工作中去，对他们的工作具有更大的满足和兴趣，对他们的能力和技能拥有更多的自信。

那么，该怎样培养自己的合作精神呢？

（1）认识到我们需要别人帮助自己前进和取得成功。我们不是生活在真空中，我们不能在与世隔绝、孤立无援中完成自我实现。如果我们不能实现作为个人和社会一分子之间的平衡，我们要么在竞争中迷失自我，要么在对成功的追求中使自己与世隔绝。把健康的竞争和合作紧密结合起来，将有助我们实现理想的平衡。

（2）把合作作为一个成功的策略。如果我们被竞争性的抱负所驱使，那么我们也许会顽固地抵制别人的建议。我们也许随意地接受它们，但拒绝与人分享见解，唯恐自己会失去荣誉。如果我们把合作作为一个成功的策略，我们就能分享别人的信息和反馈的好处。并非每一次竞赛都产生失败者，最好的结果就是双赢。通过从合作中受益，我们就能成功地实现我们所选择的目标，并帮助我们周围的那些人也成功地实现他们的目标。

（3）学会重视别人，不一定要做到认为每个人都比自己重要，但至少要认为别人和自己一样重要。最有影响力的人往往是那些认为别人同样重要的人。

（4）要有一种为别人的成功而高兴、为别人的喜事而高兴的心理。只有试着去欣赏别人的成功，去欣赏别人的快乐，我们才会去成人之美。在欣赏别人成功的同时，能感受到其中有自己的一份功劳，那种高兴会更加实在。

（5）学会欣赏别人。人都有一种强烈的愿望——被人欣赏，欣赏就是发现价值或提高价值，我们每个人总是在寻找那些能发现和提高我们价值的人。

欣赏能给人以信心，能让对方充满自信地面对生活。欣赏能使对方感到满足，使对方兴奋，而且会有一种要做得更好、以讨对方欢心的心理。如果一个员工得到经理的欣赏，他肯定会尽力表现得更好；而如果是一个小孩，得到大人的欣赏，那他的表现会令人大吃一惊。

要尽量去欣赏别人的一些他自己不自信或不被众人所知的优点。如果一个国家级运动员和我们第一次见面，我们表示欣赏他的运动成绩，除了让他一笑以外，不会产生什么特别的感觉；而如果我们表示欣赏他的风度和气质，他会非常高兴。

6. 道不同不相为谋

没有谁愿意和与自己合不来的人在一起合作。有时候，你会发现两个人经常因为意见出现分歧而发生争吵，甚至拳脚相向，最后不欢而散。

面对这种情况该怎么办呢？既然观念不同，就不妨各行其事，没必要非纠缠在一起。这就是"道不同不相为谋"的原则。

道不同不相为谋具体的含义是什么呢？就是由于看法、意见、目标等不一致，而不能在一起合作。这是我们做事必须慎重对待的问题。

每件事情都是在双方情投意合之下做成的。双方无法达成协议，不能同甘共苦，自然失去了合作的基础。

有三个能力强的年轻人合巨资创办了一家高科技公司，并且分别担任董事长、总经理和副总经理的职务。开始，人们以为这家公司一定能创造辉煌的业绩，但几年后，这家公司不但未能创造辉煌的业绩，反而连年亏损，员工一天比一天少。究其原因，还是在三位创始人身上出现了问题，他们谁都想自己说了算，可谁说了都不算。最后，一件事也没做成功，管理层内耗导致公司效益严重亏损。

这家公司隶属于一个企业集团，总部发现这一现实后，连夜召开董事会研究对策，最后决定，让这家公司的总经理退股，撤掉他的总经理职位，改到别家公

好习惯是这样养成的

司投资。旁观者都认为，这家公司算是"歇菜"了，谁还扛得住亏损之后又来个撤资的打击呢？然而，事实令人不得不相信，在留下来的董事长和副总经理的戮力合作下，居然发挥出公司最大的潜力，在最短的时间内使公司生产和销售总额较从前翻了两番，几年来的亏损不仅得到弥补，还创造了较高的利润。而那位改投别家企业的总经理自担任董事长后，也充分发挥出本身的实力，表现出卓越的经营才能，创造了骄人的业绩。

这个故事说明了什么问题？自然是"道不同不相为谋"。习惯上，我们认为一个人的智慧，抵不上多数人的主意，因而有"三个臭皮匠，赛过诸葛亮"的俗语之说。但我们要承认，每个人有个性、有头脑，相互之间如果无法在意见、决策上达到一致，合起来的力量就会分散，甚至抵消。

一加一得二，是再简单不过的算术题，可放在合作上就不是这么回事了。在事业上几个人共同协作，一加一能得三，得四；但如果互相牵制，一加一可能得零，得负一。

"道不同不相为谋"，否则会使双方产生恩怨。有鉴于此，同时是为了避免不必要的麻烦，在选择与人相处时千万要想到，不要"合不来"硬往一块儿凑。这样谁都看对方别扭，怎么都不顺眼，结果只能多结恩怨，哪能互相合作呢？

第六章 培养孩子专注的习惯

好习惯是这样养成的

1. 专注：成功的秘诀

这个世界上有一把神奇的钥匙，拥有它就拥有了神奇的力量，就可以打开成功的大门。

你会问："这把'神奇之钥'是什么？"

拿破仑·希尔的回答只有两个字："专注。"

所谓"专注"，就是把注意力集中在某个特定的欲望上的行为，要一直集中到已经找出实现这个欲望的方法，并成功地将之付诸实际行动为止。

如果说，成功有什么秘诀的话，这个秘诀就是"专注"。

事业上成功的人，大多把全副身心投入到事业中。由于注意力高度集中，他们对周围的一切几乎都顾及不上，由此做出了不少令常人惊讶的事情。

（1）苏格拉底解题

希腊的大哲学家苏格拉底，在哲学方面有很深的造诣，他取得的成就，除了他先天聪颖与后天的谦逊好学有机结合之外，可贵的是他对每个问题都能认真对待，殚精竭虑，专心致志地求索答案。无论是严寒还是酷暑，只要有一个问题没有解决，他就会像疯子一样呆站在自家的院子里，冥思苦想，直到彻底思考出答案，不管站立了多长时间。有时，他会从第一天早上呆站到第二天中午才能获得满意的答案。这种精神不是普通人所能拥有的。

（2）爱迪生交税

有一次，爱迪生去交税，他站在队伍的后面缓慢地向纳税窗口移动。就是在这个时间里，爱迪生仍然没有忘记他刚才思考的有关发明的问题，轮到他交纳税款了，当税务人员向他问话时，他竟然一下子变得目瞪口呆起来，以至于税务人员问他姓甚名谁时，他都不知该如何回答。等他将记忆从思想的海洋里拉到眼前的事情上时，才想起自己的名字是爱迪生。但这时，税务人员已经在给他后面的人办理业务了,而他只能重新排到队伍后面去,再次回来交纳税款。

(3)牛顿煮鸡蛋

大物理学家牛顿经常感慨地说:"心无二用,心无二用!"有一次给他做饭的老太太有事要出去,告诉牛顿鸡蛋放在桌子上,要他自己煮鸡蛋吃。过了一会儿,老太太回来了,掀开锅盖一看,大吃一惊:锅里竟然有一只怀表!原来,这块怀表刚才放在鸡蛋旁边,而牛顿因为忙于运算,错把怀表当鸡蛋煮了。又有一次,牛顿牵着马上山,走着走着,突然想起了研究的某个问题。他专注地思考着,不由得松开手,放掉了马的缰绳,马跑了,他却全然不知。直到走上山顶,前面没了路时,牛顿才从沉思中清醒过来,发现手中牵着的马跑了。正是因为牛顿这样心无二用才成就了他伟大科学家的美名。

(4)霞飞被俘

霞飞将军客居力菲赛斯,偶然散步到当地著名的巴拿马堡垒,忽然对设计奇特的堡垒发生了兴趣,他便用堡垒建筑家的眼光,对那堡垒尽情观察。这种毫无顾忌的行动,当然引起守军的注意,他们看他衣衫褴褛,根本不知道他是世界闻名的协约军的大将,以为是德国派来的奸细,便立刻将他逮捕送到军事法庭审问。幸亏经当地土著的翻译解说,才真相大白。后来霞飞将军的姐姐知道了,问他当时为什么不立即解释清楚,他说:"他们逮捕我时,我一心只想着那个堡垒。"

(5)安培先生不在家

物理学家安培研究物理着了迷。为了免受他人打搅,便在自家门上挂了一块牌子,上写"安培先生不在家"。一次,他边走边思考一个物理问题,走到家门口,抬头看见了门上挂的牌子,惊讶地说:"原来安培先生不在家!"扭头就走了。很晚,家人才在街上找到游荡的安培先生。

天地位一,人心定一,盛德立一,事功成一。凡是存二三心、立二三德、办二三业的人,什么事都难以成功。志因集中在一点上而专,心

好习惯是这样养成的

因集中在一点上而定,气因集中在一点上而静,神因集中在一点上而明,学因集中在一点上而精,艺因集中在一点上而工。

孟子说:"精力集中在一点上能成就万事,志向确定在一件事情上,并全心全力投入进去,不避险阻,不辞艰苦,不计患难,不计得失,不计生死,这样就是前面有移山倒海的大困难,也能妥善解决。"又说:"以精深的学识,以坚定的恒心,运用精进的力量,还有什么做不成的事情呢?还有什么难以造就的事功呢?"

如果獐飞快地奔跑,马也追不上,它之所以常常被猎人捕获只因它时时分心,回头张望。冬夏两季不能同时形成,野草和庄稼不能一同长大,果实繁多的树木长得低矮,思想不专一的人难以成就事业,这都是自然的规律。

你可以长时间卖力工作,聪明睿智,才华横溢,屡有洞见,甚至好运连连,可是,如果你无法专注地做事情,不知道自己的方向是什么,一切都会徒劳无功。

2. 专注于一的精神更有助于成功

英国的吉鲁德指出:"多数人的失败,往往都不是因为他们无能,而是因为他们心意不专。"

专心致志即把精力集中于现在时刻,把思想集中在现在正在进行的事件上,而不去想过去的失败或成功,也不去想将来的烦恼或可能。如同队列中的最后一只大象,往后看可以了解从前走过的道路,却不能令它鼓舞。相类似的,生活在将来,经常期待"鸿鹄将至",期望事情能发生什么有利的变化,也只会使人无所事事。成功者处理问题的方法是现在的状态与条件存在于现时。因为他们知道,昨天已经过去而不可挽回,明天尚属未知而不可控制,唯一所能把握的,只有今天。

把意志集中于现在时刻,将会大大加强自身,就如同激光的强力在于集中一样,假如能专心致志于现在正在进行的事件,做事就将变得更有效率。

第六章 培养孩子专注的习惯

富兰克林第一次遇见贾金斯，是在好多年前，当时有人正要将一块木板钉在树上当搁板，贾金斯便走过去管闲事，说要帮他一把。

他说："你应该先把木板头锯掉再钉上去。"于是，他找来锯子之后，还没有锯两三下，就又撒手了，说要把锯子磨快些。

于是他又去找锉刀。接着又发现必须先在锉刀上安一个顺手的手柄。于是，他又去灌木丛中寻找小树，可砍树又得先磨快斧头。

磨快斧头需将磨石固定好，这又免不了要制作支撑磨石的木条。制作木条少不了木匠用的长凳，总之没有一套齐全的工具是不行的。于是，贾金斯到村里去找他所需要的工具，然而这一走，就再也不见他回来了。

贾金斯无论学什么都是半途而废。他曾经废寝忘食地攻读法语，但要真正掌握法语，必须首先对古法语有透彻的了解；而没有对拉丁语的全面掌握和理解，要想学好古法语是绝不可能的。贾金斯进而发现，掌握拉丁语的唯一途径是学习梵文，因此便一头扑进梵文的学习之中，可这就更加旷日废时了。

贾金斯从未获得过什么学位，他所受过的教育也始终没有用武之地。但他的先辈为他留下了一些遗产。他拿出10万美元投资办一家煤气厂，可造煤气所需的煤炭价钱昂贵，这使他大为亏本。于是，他以9万美元的售价把煤气厂转让出去，开办起煤矿来。可这次又不走运，因为采矿机械的耗资大得吓人。因此，贾金斯把在矿里拥有的股份变卖成8万美元，转入了煤矿机器制造业。从那以后，他便像一个内行的"滑冰者"，在有关的各种工业部门中滑进滑出，没完没了。

他恋爱过好几次，可是每一次都毫无结果。他对一位姑娘一见钟情，十分坦率地向她表露了心迹。为使自己配得上她，他开始在精神品德方面陶冶自己。他去一所星期日学校上了一个半月的课，但不久便自动逃学了。两年后，当他认为问心无愧、可以启齿求婚之日，那位姑娘早已嫁给了别人。

不久他又如痴如醉地爱上了一位迷人的、有五个妹妹的姑娘。可是，当他上姑娘家时，却喜欢上了二妹。不久，他又迷上了更小的妹妹。到最后，他一个也没谈成功。

贾金斯的情形每况愈下，越来越穷。他卖掉了最后一项营生的最后一份股份后，便用这笔钱买了一份逐年支取的终生年金。可是这样一来，支取的金额将会逐年减少，因此他要是活得时间长了，早晚得挨饿。

好习惯是这样养成的

与贾金斯的朝三暮四完全相反，勒韦则是一个非常专注于目标的人。勒韦是美国的著名医师及药理学家，1936年荣获诺贝尔生理学及医学奖。

勒韦1873年出生于德国法兰克福的一个犹太人家庭，从小喜欢艺术，绘画和音乐都有一定的水平。但他的父母是犹太人，对犹太人深受各种歧视和迫害心有余悸，不断敦促儿子不要学习和从事那些涉及意识形态的行业，要他专攻一门科学技术。他的父母认为，学好数理化，走遍天下都不怕。

在父母的教育下，勒韦进入大学学习时，放弃了自己原来的爱好和专长，进入施特拉斯堡大学医学院学习。

勒韦是一位勤奋志坚的学生，他不怕从头学起，他相信专注于一，必定会成功。他带着这一心态，很快进入了角色，他专心致志于医学课程的学习。心态是行动的推进器，他在医学院攻读时，被导师淄宁教授的学识和专心钻研精神所吸引。导师是著名的内科医生，勒韦在他的指导下，学业进展很快，并深深体会到医学也是施展才华的天地。

勒韦从医学院毕业后，在欧洲及美国一些大学先后从事医学专业研究，在药理学方面取得较大进展。由于他在学术上的成就，奥地利的格拉茨大学于1921年聘请他为药理教授，专门从事教学和研究。在那里他开始了神经学的研究，通过青蛙迷走神经的试验，第一次证明了某些神经合成的化学物质可将刺激从一个神经细胞传至另一个细胞，又可将刺激从神经元传到应答器官。他把这种化学物质称为乙醚胆碱。1929年他又从动物组织中分离出该物质。勒韦对化学传递的研究成果是一个前人未有的突破，对药理及医学上作出了重大贡献，因此，1936年他与戴尔获得了诺贝尔生理学及医学奖。

勒韦是犹太人，尽管他是杰出的教授和医学家，但也如其他犹太人一样，在德国遭受了纳粹的迫害。当局逮捕他，没收了他的全部财产，并取消了他的德国国籍。后来，他逃脱了纳粹的监管，辗转到了美国，并加入了美国籍，受聘于纽约大学医学院，开始了对糖尿病、肾上腺素的专门研究。勒韦对每一项新的科研，都能专注于一。不久，他这几个项目都获得新的突破，特别是设计出检测胰脏疾病的勒韦氏检验法，对人类医学又作出了重大贡献。

勒韦的成功可以说明，成功之本在于人的心理素质、人生态度和才能资质。当然，仅靠这个"本"还不够，必须兼具高远志向和实现目标的坚强毅力，特别是专注于一的精神，更有助于成功。

3. 把精力集中在一个焦点上

天下的麻雀是捉不尽的，一只手也抓不住两只鳖。自古以来人不能在同一时间内，既能抬头望天又可以俯首看地，左手画方右手画圆，所以说不能专心便一事无成。

当你从事一项伟大的事业时，或许操纵着很多部门的事情来炫耀自己的博学多才，发挥自己的天才与威势，结果反而把自己推进了毁灭的深渊。反过来，你小心谨慎地从事一件小的事情，或者专心致志地做一件事，埋头苦干，却能把你从渺小的凡人造就成伟大的人物。

爱默生是一位谦虚的作家，可是他在老年时反思自己一生的成就却说："让我步入失败深渊的人不是别人，是我自己。我一生中最大的敌人不是别人，是我自己。我是给自己制造不幸的建筑师，我一生希望自己成就的事业太多了，以至于一无所成。"以爱默生的成就，他还这样反省自己，认为自己一无所成，足见

好习惯是这样养成的

他是多么的谦虚。不过我们能从他说的话中，得到一个启示：做事必须将所有精力投入到一点上，三心二意只能一事无成。正如俗话说的："你要想把天下的麻雀捉尽，结果一只也捉不到。"

黄石公说："最悲哀的情形，莫过于心神离散；最大的病态，莫过于反复无常。"我们应懂得，不是焦点的阳光，是不能起到燃烧作用的。

昆虫学家法布尔为了观察昆虫的习性，常达到废寝忘食的地步。有一天，他大清早就趴在一块石头旁，几个村妇早晨去摘葡萄时看见法布尔，到黄昏收工时仍然看到他趴在那儿，她们实在不明白："他花一天工夫，怎么就只看着一块石头，简直中了邪！"其实，为了观察昆虫的习性，法布尔不知花去了多少个这样的日日夜夜。

有一次，一个青年苦恼地对法布尔说："我不知疲倦地把自己的全部精力都花在我爱好的事业上，结果却收效甚微，这是怎么回事？"

法布尔赞许地说："看来你是位献身科学的有志青年。"

这位青年说："是啊！我爱科学，可我也爱文学，对音乐和美术我也感兴趣。我把时间全都用上了。"

法布尔从口袋里掏出一个放大镜说："把你的精力集中到一个焦点上试试，就像这块凸透镜一样！"凡大学者、科学家取得的成就，无一不是聚焦的功劳。

酷暑的阳光，不足以使火柴自燃；而用凸透镜聚光于一点，即使是冬日的阳光，也能使火柴和纸张燃烧。随着科学的发展，人们又进一步把柔和似水的光汇聚成一束，这就成了无坚不摧的激光武器。你看，这一散、一聚，使光的作用和力量发生了多么大的变化！一个人只有沉迷于事业，进行专心致志的研究，才能真正有所成就。大家都听说过这样一个故事：牛顿有一次在做实验时，一位朋友来看他，等了好半天，牛顿也没有出来。这位朋友饿了，便把牛顿作为午餐的烧鸡吃掉，将骨头留在盘子里走了。过了好长时间，牛顿从实验室里走出来去吃饭，看到盘子里的鸡骨头，不禁笑道："我以为我还没吃饭，原来已经吃过了。"

牛顿在精力高度集中时出现的这些轶事是不足为怪的。他的助手回忆说："他很少在夜里两三点钟以前睡觉，有时一直到凌晨五六点钟才睡觉……特别是在春天或落叶时节，他常常六个星期一直留在实验室里，不分昼夜，炉火总是不熄。他通夜不睡，熬过一夜，又继续熬第二夜，一直等到完成实验才罢休。"牛顿也

第六章 培养孩子专注的习惯

曾说过:"如果说我对世界有些微小贡献的话,那不是由于别的,都只是由于我的辛勤耐久的思索所致。"

意大利著名男高音歌唱家卢西亚诺·帕瓦罗蒂回顾自己走过的成功之路时说:

"当我还是个孩子时,我的父亲,一个面包师,就开始教我学习歌唱。他鼓励我刻苦练习,培养嗓子的功底。后来,在我的家乡意大利的蒙得纳市,一位名叫阿利戈·波拉的专业歌手收我做他的学生,那时,我还在一所师范学院上学。在毕业时,我问父亲:'我应该怎么办?是当教师还是成为一个歌唱家?'

"我父亲这样回答我:'卢西亚诺,如果你想同时坐两把椅子,你只会掉到两把椅子之间的地上。在生活中,你应该选定一把椅子。'

"我选择了。我忍住失败的痛苦,经过七年的学习,终于第一次正式登台演出。此后我又用了七年的时间,才得以进入大都会歌剧院,现在我的看法是:不论是砌砖工人,还是作家,不管我们选择何种职业,都应有一种献身精神。坚持不懈是关键。选定一把椅子吧。"

一个人的精力和时间本来是很有限的,在这种情况下,如果选不准目标,到处乱闯,几年的时间会一晃而过。如果想取得突破性的进展,就该像打靶一样,迅速瞄准目标;像激光一样,把光线聚于一束。

有人把勤奋比做成功之母,把灵感比做成功之父,认为只有两者结合起来人才才能产生,而专注则是勤奋必不可少的伴侣。专注使人进入忘我境界,能保证头脑清醒、全神贯注,这正是深入地感受和加工信息的最佳生理和心理状态。法国科学家居里说:"当我像嗡嗡作响的陀螺般高速运转时,就自然排除了外界各种因素的干扰。"人,一旦进入专

好习惯是这样养成的

注状态，整个大脑围绕一个兴奋中心活动，一切干扰统统不排自除，除了自己所醉心的事业，生死荣辱，一切皆忘。灵感，这智慧的天使，往往只在此时才肯光顾。没有专注的思维，灵感是很难产生的。

一山一石，一花一鸟，只言片语，我们都能从这些事物里面看出生命来，看出精神来，看出人品来。有些人即使和我们相隔千山万水，相隔千秋万代，可是我们仍然能从他的只言片语中想象出他的为人怎样。这些是精神专注的功夫。

《荀子·劝学》中说："蚓无爪牙之利，筋骨之强，上食埃土，下饮黄泉，用心一也。"蚯蚓没有锐利的爪牙，也没有强壮的筋骨，但它上可以吃到地里的尘土，下可以喝到黄泉，这是用心专一的缘故。《庄子·达生》记载，有位驼背老人，曾用五六个月时间专心练手腕，能在竹竿头上堆放两颗弹丸、三颗弹丸乃至五颗弹丸而不掉下来，因此粘知了能够一粘便是一只，好像在地上拾取东西一样容易。驼背老人在粘知了时，思想专注，尽管天地广阔，万物繁多，但他的心里、眼里，只有所粘的目标——知了的翅膀。一个驼背的老人粘知了，自身条件当然是很差的，但是，专心和努力，使他在这方面表现出惊人的技艺。

从古至今，只要在事业上有所成就的人，都在事业上贯注了全部的精力。三心二意的人，很少能取得大的成就。

知识链接

荀子·劝学

《劝学》是《荀子》一书的首篇。又名《劝学篇》。劝学，就是鼓励人们学习。该篇较系统地论述了学习的理论和方法。前一部分（第一段），论述学习的重要性；后一部分（第二、三段），论述学习的步骤、内容、途径等相关问题。

《劝学》全文的中心思想是：学不可以已；用心一也；学也者，固学一之也。这是朱金城对荀子核心思想的总结。荀子是古代最伟大的教育家之一，他的学生中最优秀的是法学家韩非子、秦朝丞相李斯、汉朝丞相张苍。

4. 无论做什么，都要竭尽全力

伊格诺蒂乌斯·劳拉有一句名言："一次做好一件事情的人比同时涉猎多个领域的人要好得多。"在太多的领域内都付出努力，我们就难免会分散精力，阻碍进步，最终一无所成。圣·里奥纳多在一次给校友福韦尔·柏克斯顿爵士的信中谈到他的学习方法，并解释自己成功的秘密。他说："开始学法律时，我决心吸收每一点获取的知识，并使之同化为自己的一部分。在一件事没有充分了解清楚之前，我绝不会开始学习另一件事情。我的许多竞争对手在一天内读的东西我得花一星期时间才能读完。而一年后，这些东西，我依然记忆犹新；但是他们，却早已忘得一干二净了。"

在对有价值目标的追求中，坚韧不拔的决心是一切真正伟大品格的基础。充沛的精力会让人有能力克服艰难险阻，完成单调乏味的工作，忍受其中琐碎而又枯燥的细节，从而使他顺利通过人生的每一驿站。在这个过程中，正是由于各种令人沮丧和危险的磨练，才造就了天才。在每一种追求中，作为成功之保证的与其说是卓越的才能，不如说是追求的目标。目标不仅产生了实现它的能力，而且产生了充满活力、不屈不挠为之奋斗的意志。因此，意志力可以定义为一个人性格特征中的核心力量，简而言之，意志力就是人本身。它是人行动的驱动器，是人的各种努力的灵魂。真正的希望以它为基础，而且，它就是使现实生活绚丽多姿的希望。西方有一句格言："希望就是我的力量。"这条格言似乎与每个人的生活息息相关。

对于年轻人来说，如果他们的愿望和要求不能及时地付诸行动和成为事实，那么就会引起他们精神上的萎靡不振。但是，目标的实现，正像许多人所做的那样，不仅需要耐心地等待，而且还必须坚持不懈地奋斗和百折不挠地拼搏，就像在滑铁卢击败拿破仑的惠灵顿将军那样。切实可行的目标一旦确立，就必须迅速

好习惯是这样养成的

付诸实施,并且不可发生丝毫动摇。

阿雷·谢富尔指出:"在生活中,唯有精神和肉体的劳动才能结出丰硕的果实。奋斗,奋斗,再奋斗,这就是生活,唯有如此,才能实现自身的价值。我可以自豪地说,还没有什么东西曾使我丧失信心和勇气。一般说来,一个人如果具有强健的体魄和高尚的目标,那么他一定能实现自己的心愿。"

那些对奋斗目标用心不专、左右摇摆的人,对琐碎的工作总是寻找遁辞,懈怠逃避,他们注定是要失败的。如果我们把所从事的工作当做不可回避的事情来看待,我们就会带着轻松愉快的心情,迅速地将它完成。瑞典的查尔斯九世年轻的时候,就对意志的力量抱有坚定的信念。每每遇到什么难办的事情,他总是摸着小儿子的头,大声说:"应该让他去做,应该让他去做。"和其他习惯的形成一样,随着时间的流逝,勤勉用功的习惯也很容易养成。因此,即使是一个才华一般的人,只要他在某一特定时间内,全身心地投入和不屈不挠地从事某一项工作,他也会取得巨大的成就。

若不全心投入,就不会有持久的成功。成功者都相信热情的力量,如果要挑出一个与成功绝不可分的信念,那就是完全的投入。你可以观察各行各业中的佼佼者,不尽都是最优秀的、最聪明的、最敏捷的、最健壮的,但绝对都是最刻苦的。一位著名芭蕾舞家说过:"不休止地朝着一个目标,那就是成功的秘诀。"这也就是我们所要再次强调的——知道目标,找出好的方法,起身去做,观察每个步骤的结果,不断修正调整,以达目标为止。

在任何领域中,我们都可看到全心投入的例子,甚至于在以体力争胜的领域中。就以体育界来说吧,是什么因素让拉瑞·勃德成为美国职业篮球赛中最佳的球员之一?有许多人一直都感到奇怪,勃德行动慢,又跳不高,在以重视手脚迅捷的世界里,他的行动看起来仿佛是慢动作。但是当你详细分析后会发现,勃德之所以能成功,就在于他全心投入。他平日辛勤苦练,矢志不渝,打起球来比别人认真,对自己要求也高,结果成就也高于他人。另外再看看伟大的高尔夫球手汤姆·沃森，他在斯坦福大学时默默无闻，虽然他只是队中的一名普通球员，但他的教练对其苦练的精神万分赞许，认为是自己一生中仅见的用功球员。在以技巧取胜的领域中，说明了唯有埋头苦练，方能脱颖而出。

全心投入的确是在任何领域成功的重要因素。在丹雷瑟尚未成名之前，就是休士顿电视公司内最辛勤工作的新闻记者。同事常津津乐道于他有次为了采访龙卷风即将肆虐德州海边的新闻，不惜把自己吊在现场的树上。丹雷瑟把自己一生的成就归功于"在一定时期不遗余力地做一件事"这一信条的实践。

5. 平生只挖一口井

相信对大多数人来讲，最头痛的问题就是——缺乏耐心，要做自己想做的事，总感到力不从心，半途而废。怎样解决这个问题呢？当然是强化自己的耐心，把所有的时间和精力都投入到自己的专项上，结果会怎样？你会发现自己突然强大起来，做成了自己想做的事。

《孟子》中有一则寓言说：宋国有个人，担心他的禾苗长得不快而拔高它。他疲倦地回到家中，对家里人说："今天累坏了，我帮助禾苗长高了。"他的儿子跑到地里去看，禾苗都枯萎了。

天下不帮助禾苗生长的人，实在是很少的。以为培育没有益处而放弃努力的，是不锄草的人；想帮助禾苗长高而拔高它的人，这就不仅没有益处，而且还伤害了它。

因此说，我们要养成干事业的恒心，首先要培养自己对事业的热爱，然后再培养不求速成的心理，稳扎稳打，循序渐进。

想求快速达成，就难以满足妄想的急切心情，就难以把事业办好。达不到心理上的要求，就容易灰心丧气。灰心丧气就会希望渺茫，就容易放弃或者改行，

好习惯是这样养成的

也就难有恒心了。没有恒心事业就难成功,想速成也不会达到。所以说:时间想它快而功力不想它快,功力想它快而效果不想它快。早熟便是小材,大器必然晚成,积累得越丰厚,后来的成就也越大。

科尔特左轮手枪的发明者科尔特从12岁那年偶然发现一张制造火药的配方起,就决定用一生的时间来制造火药并将之用于手枪上。

16岁时,科尔特当上了一名水手。在船上,他梦想发明一支能射出几发子弹的枪。有一天,科尔特观察着轮船舵轮的把柄,他想到了把枪弹送到位击出的方法。但又有一个问题:怎样才能制造出一种既能控制子弹又足够坚固的器械呢?

在印度期间,他发现一位叫柯勒的先生制造的枪能从圆筒里发射子弹。然而这种枪非常危险,往往所有的子弹突然间全部打响,把枪炸成碎片。尽管如此,科尔特仍然对这支枪爱不释手,这支枪也给了他一些启示。

从印度回国后,科尔特的父亲雇人按照他雕刻的模型制成一把试验的"左轮手枪"。但这把手枪在第一发子弹打响的同时,枪的弹室便发生了爆炸,科尔特的父亲失望了。科尔特决心自己挣钱改进试验,当他打工挣下足够的钱之后,便雇用了两个技术精湛的工人帮他完成设想。一次,他从外面回来,发现那两个工人已经成功地制造出了第一把连发左轮手枪,科尔特终于成功了!不久科尔特的左轮手枪获得专利权。后来他又创建了生产左轮手枪的工厂,批量生产自己设计的各种手枪,赢得了滚滚财源。

有这样一幅漫画,一个人拿着铁锹已经挖了深浅不同的很多口井,其中有几口离地下水层已经很接近了,但是他却没能坚持再深挖下去,而是懊丧自语着"这里没水",又继续到别处寻找挖井地点去了。

这幅挖井的漫画所隐含的道理与做事是一样的,只要咬紧一处,只要目标正确,坚持下去,总会成功的。

科尔特从小玩弄枪支,到最后获得左轮手枪的专利,并建厂生产,时间跨度几十年,他坚持自己发明、自己生产,可谓一篇文章写到了头。从事发明创造,有的人喜欢"打一枪换一个地方",有的人则是选好一个井眼,便立志打一眼深井,绝不浅尝辄止,朝秦暮楚。科尔特打了一眼井,钻的是一口深井,成就非凡。对一个普通发明者来说,平生能打出一口深井,就非常了不起了。

做事专一，是一种锲而不舍、全神贯注的追求。不但要有魄力，而且要有定力，摆脱其他事物的诱惑，不为一切名利权位等而中途易辙。这种定力，是决定一个人能否挖出井水的最重要条件。

6. 循序渐进而非一蹴而就

报纸上曾经报道，一位拥有100万美元的富翁，以前却是一个乞丐。我们难免怀疑：依靠人们施舍一分、一毛的人，为何却能拥有如此巨额的存款？事实上，这些存款并非凭空得来，而是由一点一点小额存款累积而成。一美分到十美元、到千美元、到万美元、到百万美元，就这么积聚而成。若想靠乞讨很快存满100万美元，那是几乎不可能的。

聪明的人，干事情的时候懂得循序渐进——为了要达到主目标常会设定"次目标"，这样会比较容易地完成主目标。许多人会因目标过于远大，或理想太过崇高而选择放弃，这是很可惜的。如果设定"次目标"，便可较快获得令人满意的成绩，能逐步完成"次目标"，心理上的压力也会随之减小，主目标总有一天也能完成。

曾经有一位63岁的老人从纽约市步行到了佛罗里达州的迈阿密市。经过长途跋涉，克服了重重困难，她到达了迈阿密市。在那儿，有位记者采访了她。记者想知道，这路途中的艰难是否曾经吓倒过她，她是如何鼓起勇气徒步旅行的。

老人答道："走一步路是不需要勇气的，我所做的就是这样。我先走了一步，接着再走一步，然后再走一步……我就到了这里。"

是的，做任何事，只要迈出了第一步，然后再一步步地走下去，就会逐渐靠近目的地。如果知道具体的目的地，而且向它迈出了第一步，便走上了成功之路！

我们大多数人都听说过，写下自己目标的人比没有写下自己目标的人会更容

好习惯是这样养成的

易成功。

在目标设定方面,我们应该采取小步骤进行活动,而不是迈开大步向前。每个人都应该有伟大的长远梦想和希望;然而,对于目标设定,我们最好做一个不太成功的人,而不是过度成功的人,也就是说,采取初级步骤。例如,如果一个人最终想减重30公斤,拥有健美的身材,教练会推荐他先减重10公斤,而不是试图向前迈出一大步,一下子减重30公斤;不是去健身房一个小时,而是只去20分钟。换句话说,设定一个不太远大的目标,然后迫使自己坚持它。这样我们就不会觉得压力太大,而是觉得能够应付。由于觉得自己能够应付,我们会发现自己渴望去健身房,或做生活中其他需要做或改变的事情。

总之,年轻人应该拥有宏伟的、大胆的梦想,然后每天做一点事情。也就是说,用小步而不是迈大步越过障碍。设定每日可达到的目标,这样,当我们实现目标后,就会有一种积极的强化力量,帮助我们沿着通向远大目标的道路不断前进。

第七章 培养孩子管理时间的习惯

好习惯是这样养成的

1. 时间是衡量事业的标准

英国大哲学家培根说:"时间是衡量事业的标准。"我们在赞叹成功者的成就大小时,实际上是使用了时间这个尺度。伟人们在有限的一生中,作出了超越常人的贡献,这就是他们伟大之所在。我们赞叹莎士比亚的伟大,常常想到他一生创作和翻译了600多万字著作;我们赞叹爱迪生的伟大,也常离不开他一生有2000多项科学发明。

人才在时间中成长,在时间中前进,在时间中改造客观世界,在时间中谱写自己的历史。人才对各门科学的学习和研究,必须在一定的时间内进行。人才创造的各种成果,必须经过时间来鉴定。时间,唯有时间,才能使智力、想象力及知识转化为成果。人的才能想要得到充分的发挥,尽快踏上成功之路,就必须养成充分利用时间的习惯;若没有充分利用时间的能力,不能认识自己的时间、计划自己的时间、管理自己的时间,那只会失败。

时间,是成功者前进的阶梯。任何人想要成就一番事业,都不可能一蹴而就,必须踩着时间的阶梯一级一级地攀登。

时间,是成功者的资本。20世纪美国著名生理学家瓦特·坎农在《科学研究的艺术》一书中指出:"一个研究人员可以居陋巷、吃粗饭、穿破衣,可以得不到社会的承认。但是只要他有时间,他就可以坚持致力于科学研究。一旦剥夺了他的自由时间,他就完全毁了,再也不能为知识作贡献了。"

可见,获得时间资本对于成功者是多么重要,一旦损失又是多么令人惋惜。伟大的物理学家牛顿在研究力学时,一场熊熊大火吞噬了他的财产,也烧毁了他数年辛勤研究的手稿。牛顿并不痛惜财产的损失,而是流着泪叹息道:"可惜,时间呀!"

时间,是成功者胜利的筹码。射箭需要练一段时间才能准,画画需要多画一段时间才能精。成功要有个定向积累的过程,这是人才研究中的一个重要原理。世界上从来没有不需花费时间便唾手可得的成功,也没有一蹴而就的事业。

一位著名的作家指出:"人的一生如此短暂、如此渺小。一些小小的成功,固然只需付出很小的力量及很短的时间,但想要获得长久成功,一定要投入很大的精力及很长的时间。以一天为例,只有集中精力有效利用这一天,日后才会留存这一天努力的成果。而如果不立下目标,懵懵懂懂、得过且过的话,一天还是一天,不会留下什么成果。一天如此,一周如此,一月如此,一年如此,一生都是如此。"因此,青少年一定要养成节约时间的习惯,争取利用有限的时间多学习、多工作,在为社会作出更大贡献的同时,更好地实现自我价值。

2. 时间到底值多少钱

据美国有线新闻网报道,英国一位教授曾推导出一个公式,首次计算出一分钟的价值。

解决这一难题的是英国沃里克大学的经济学教授伊恩·沃克,他的计算结果是:平均下来,一分钟对于英国男人来说值10便士(15美分),对于英国女人来说值8便士(12美分)。

沃克教授推导的公式为:$V = \{W[(100-1)/100]\}/C$,其中 V 是每小时的价值,W 是每小时的工资,C 代表当地的生活开销。

根据沃克教授的理论,时间宝贵极了,甚至你刷3分钟牙便会令你失去30便士;如果自己动手洗一次车,除了水和去污剂要花钱外,还有3个英镑的时间损失费呢。

可见,这个公式不仅解答了"时间到底值多少钱"的问题,而且还对人们的生活具有很大的指导意义。比如,时间管理者可以借助这个公式来计算自己加班到底划不划算,打车省钱还是乘公共汽车省钱等等。

好习惯是这样养成的

一个人的时间价值往往不是平均分布的，因为事情有轻重缓急之分，往往关键时刻的一分钟时间，都具有非常高的价值。

林恩是瑞士一家酒店的房务接待，一个阴雨连绵的早晨，一切都显得格外地沉寂，电话也比往日少了许多。

林恩把前一天的几份订单存底重新装订成册，然后又回复了两份传真。两件事总共用了林恩不到10分钟的时间。最后林恩坐下，心想可不可以利用这个时间下去吃份早餐，早晨上班时她走得匆忙，只在手提袋里装了两个柳橙。她犹豫了几分钟，最终还是起身离开了接待室。20分钟后，林恩返回，一切一如既往，电话安静地躺在那里。

林恩不知道一桩70万美元的生意就在她离开的20分钟时间里，在电话铃响两次无人接听后落入他人之手。两个月后，美国一家国际公司为期15天的销售年会在瑞士的另一家酒店召开。那家酒店无论从设施还是口碑上都与林恩所在的酒店不相上下，甚至某些地方有所不如，但那半个月规模盛大的销售年会以及来自世界各地的客人却使那家酒店一时间变得无比辉煌，并通过世界各地客人的传播而知名度大增。

客人依据什么选择了那家酒店？在做出决定之前有没有进行过选择？他们进行了怎样的选择？林恩所在酒店的老板始终想不明白其中缘由，事后经过多方了解才知道，那家美国国际公司在瑞士曾选出三家酒店作为备选，林恩所在的酒店因两次电话铃响均无人接听而第一轮便被淘汰出局。这仅仅因为林恩20分钟的早餐。

此后，因为有了第一次的愉快合作，那家美国国际公司的年会一连在那家酒店开了4次，总额高达280万美元和无法用价值体现的知名度的提升。

善于利用时间，把时间的价值尽量增加

到最大值,是每一个成功者的愿望,也是其成功的条件。最终成功了的人,都是十分珍惜时间,善于利用时间,在每一分每一秒中都进行"充分劳动"的人。成功的人尽力去实现时间的价值,尚未成功的人会不断地感叹时间的价值,还有一部分人不明白时间的价值,因而人与人就有了千差万别。

不同的人在对待时间价值上的不同态度和观点,决定了其不同的人生经历。要想成为一名成功人士,只有知晓时间的价值,并以实现时间价值为目标付诸实际行动,最终才会成功。因此,你要明白时间不等于一切,时间的价值正是通过"充分的劳动"来实现的,而不是凭空想象。

3. 学做时间的主人

许多人日复一日花费大量的时间去做一些与他们不相干的事情。不要成为他们其中的一分子,不要只是"计算"着过日子,要让你生命中的每个日子都值得"计算"。

一个人真正自己拥有、而且极度需要的只有时间,其他的事物多多少少都部分或曾经为他人所拥有,像你呼吸的空气、在地球上占有的空间、走过的土地、拥有的财产等,都是这样。时间如此重要,但仍有很多人随意浪费掉他们宝贵的时间。

很多人浪费80%的时间在那些只能创造出20%成功机会的人的身上;有些人花费很多时间在那些最容易出问题的20%的人的身上;经纪人花费很多时间在不按时参加演出工作的演员或模特儿身上;政治家花费多数时间为20%的有问题或就是问题本身的人运作议事,而那些人甚至不是当初投票给他们的选民。

玛丽·露丝在《节约时间与创意人生》一文中写道:"我的工作有一部分是市场咨询,常常要和人们讨论如何建立事业。我通常会建议他们,可以自由运用自己的时间,但最重要的时间应该优先留给那些帮助自己建立事业、认真想成功和愿

好习惯是这样养成的

意协助自己达到成功的人身上。"

尽可能避免不必要的电话和约会,特别在你一天中效率最高的时段。合理安排时间,优先处理那些能帮助你达成目标和梦想的工作和约会。

4. 做善于挤时间的能手

鲁迅先生说过:"时间就像海绵里的水,只要愿意挤,总还是有的。"

时间属于攀登不息的人。那些徘徊在知识宝库门外的"散兵游勇",白白消磨了自己的宝贵生命,那些走到知识宝库的门口,轻轻地叩一下门或伸进头去看一眼,就自以为登堂入室而不肯再攀登的人,也只能白白浪费大好光阴。就是在科学上取得了杰出成就的科学家,也还要不断攀登,否则也会白白消磨时间,半途而废。即使像牛顿那样的举世闻名的第一流科学家也不例外。当上帝的幻影在他头脑中一抬头时,特别是当他成了企业家、成了政治活动家时,他停止了继续攀登科学高峰的脚步,竟成了宗教的狂热分子,从而葬送了他的后半生。有人问他:"引力从何而来?"他说:"那简单得很,是上帝赋予的。"再问他:"星球为什么会运动?"他说:"那是由于上帝的'最初一击'。"关于时间有没有开头的问题,他说,"时间和世界一同被上帝造出来,在上帝创造世界之前,没有时间,上帝是不生活在时间之中的。"这个假设虽然"美妙",却封闭了真理的大门,有了它,那还需要什么科学呢?他成了上帝最虔诚的信徒,竟用了25年的时间来研究神学,企图证明上帝的存在,白白浪费了这位科学巨人的后半生。

时间有很特别之处,它"有时过得慢一些,有时过得快一些,有时它停了下来,呆住不动了。有的时候,我们特别敏锐地感到时间的步伐,这时,时间飞驰而去,快得只来得及让人惊呼一声,连回顾一下都来不及。""而有时,时间却踯躅不前,慢得像黏住了一样,简直叫人难受。它突然拉长了,几分钟的时间拉成一条望不到头的线。"赢得了时间,就赢得了一切。

第七章
培养孩子管理时间的习惯

历史上一切有成就的人,无一不是善于挤时间的能手。巴尔扎克在20年的写作生涯中,写出了90多部作品,塑造了2000多个不同类型的人物形象,他的许多作品成了世界名著。他的创作时间是从半夜到中午。就是说,在圈椅里坐12个小时,努力修改和创作。然后从中午到四点校对校样,五点钟用餐,五点半才上床,而到半夜又起床工作。有时手指写得麻木了,两眼开始流泪,太阳穴在激烈跳动,他喝一杯咖啡,又继续写。有时,他一天只睡三四个小时,他曾经一夜写完《鲁日里的秘密》,三个通宵写好《老小姐》,三天写出《幻灭》的开头50页。

有一次,他写作了十几个小时,实在支撑不住了,就跑到朋友家,一头栽倒在沙发上,请朋友一小时后叫醒他。后来,因朋友没有按时叫醒他,气得他大发脾气。

巴尔扎克说,写作是"一种累人的战斗",就好像向堡垒冲击的士兵,精神一刻也不能放松。一些传记家介绍说:"每三天,他的墨水瓶必得重新装满一次,并且得用掉十个笔头。"

和巴尔扎克一样珍惜时间的牛顿、居里、爱因斯坦、爱迪生等都是这样把坐车、散步、等人、理发时间都用于思考问题的挤时间的专家。

提起"挤"时间学习,有的人总是摇头叹气地说,一天工作八小时,有时还有其他活动,每天排得满满的,怎么挤?那么请听美国"支配时间专家"彼得·杜拉克的一段话:"我强迫我自己去请求我的秘书每过一个月做一次时间统计,统计一下四个星期来我的时间利用情况……然而,虽然我这样已坚持了五六年,每次总要嚷嚷:'不可能!我知道

好习惯是这样养成的

我浪费了很多时间，不过不可能有那么多……'我倒想看看，谁做了这样的统计会得出不同的结果！"杜拉克的经验说明，时间大有潜力可挖，时间的容量还有待进一步充实，我们怎么能说挤不出时间了呢？

宋代文学家苏东坡有这样的诗句："竹中一滴曹溪水，涨起西江十八滩。"汇涓涓细流以成大海，积点滴时间以成大业。事物的发展变化，总是由量变到质变的。"点滴"的时间看起来很不显眼，但这些零零碎碎的时间积累起来却大有用场。

史书上记载了陶宗仪积叶成书的故事。陶宗仪是元末明初人，他在江苏松江做乡村教师时亲自耕田种地。休息时，他常把自己的治学心得、诗作、所见所闻，随手写在摘下来的叶子上，再把叶子放进一个瓮里，满了就埋在树下。如此日复一日，年复一年，装满了十多瓮。后来，他将这些瓮挖出来，将叶子上的文字摘录、整理。这就是我们今天看到的共有三十卷的《辍耕录》。

只要我们养成了良好的利用时间的习惯，把点点滴滴的时间都充分地利用起来，就会发现，在日常生活中，时间还是很有潜力可挖的。

知识链接

巴尔扎克

奥诺雷·德·巴尔扎克（1799—1850），法国小说家，被称为"现代法国小说之父"，生于法国中部图尔城一个中产者家庭，1816年进入法律学校学习。第一部作品五幕诗体悲剧，及小说《克伦威尔》都曾经失败。1829年，他发表长篇小说《朱安党人》，迈出了现实主义创作的第一步。1831年出版的《驴皮记》使他声名大震。他一生创作甚丰，写出了91部小说，塑造了2472个栩栩如生的人物形象，合称《人间喜剧》。《人间喜剧》被誉为"资本主义社会的百科全书"。但他由于早期的债务和写作的艰辛，终因劳累过度于1850年8月18日与世长辞。

5. 成为运筹时间的高手

人们常说生命最宝贵，但是仔细分析一下，就会发现，人最宝贵的其实是时间。因为生命是由一小时一小时、一分钟一分钟的时间累积起来的。时间就是宝贵的生命。

时间的宝贵，在于它既是一个公平地分配给每个人的常数，又是一个变数，对待它的态度不同，获得的价值也就有天壤之别。时间就像在冥冥中操纵一切的神灵，它决不会辜负珍惜它的人。时间给予珍惜它的人的回报是丰厚的，时间对人的报复也是无情的。

有人曾这样设想：我愿意站在路边，像乞丐一样，向每一位路人乞讨他们不用的时间。愿望是美好的，如果真能乞讨到时间，相信所有人都会甘做这样的"乞丐"。

然而，懒惰的人把许多宝贵的时间都给浪费掉了，每日得过且过，虚度着自己的年华。只有勤奋的人、做事讲求效率的人、懂得科学支配时间的人，才可以把一天 24 小时变成 25 小时甚至更多。

时间是乞讨不来的，时间只会提醒你切莫在生活的沙滩上搁浅，激励你不断开拓前进。对于珍惜时间的人，时间则给予热情的报答，对于奋力赶超的人，时间将无私地帮助他超越岁月。可是，对于轻视时间的人，时间会嗤之以鼻，把他抛至脑后；对于挥霍时间的人，时间则一笑而过，使他一无所得；对于遗弃时间的人，时间将愤然离去，使他追悔莫及；而对于戏弄时间的人，时间就毫不留情，给予他苦果一枚。

只有那些具有深刻时间观念的人，才可能成为运筹时间的高手。香港的李嘉诚，为了不耽误开会，不失约于人，特意将自己的手表拨快 10 分钟，以保证准时出席或赴约。他处事果断、老练，决不拖泥带水。他曾在 17 个小时内，谈妥

好习惯是这样养成的

一笔29亿港元的交易，随即致电汇丰银行，2分钟内就安排了一笔1.9亿港元的贷款。他经常对下属说，早上的事，下午必须要有决定或答复；假如17个小时内发生的事非常繁杂，则在24小时内一定答复。这就是香港首富李嘉诚对时间的态度。

有时间观念的人，会因为无聊地过了一个小时而后悔不迭，会想方设法地去寻找运筹时间的方法。古今中外，凡是有成就的人物都具有时间观念。

美国首任总统华盛顿，在运筹时间方面享誉盛名。他的许多部下都领教过他严守时间的作风。每当他约定好时间的事情，必定会按时做到，一秒都不差。

有一次，他的一位秘书迟到了2分钟，看到华盛顿满脸怒容的样子，他赶紧解释说，他的手表不准。

华盛顿正色地说："或者是你换一只手表，或者是我换一个秘书！"

华盛顿对时间的重视，使得这位秘书从此不再出现迟到一分一秒的事情。华盛顿所具有的这种守时观念，事实上正是每个现代人都应当具备的。

6. 如何精确地安排时间

精确地计算时间，才能精确地安排时间。要科学地支配时间，时间管理者就必须彻底清除含糊不清、陈旧的计时单位和计时方法。诸如"下午给你打电话""走了一会儿啦""抽支烟的工夫"等等，这些表示时间的单位和方法，写小说可以，

第七章
培养孩子管理时间的习惯

放在工作中就不适合了。一顿饭可以吃10分钟,也可以吃2个小时,甚至更长时间,用"吃顿饭的时间"来描述时间长短是极不准确的。这些含糊不清的时间概念,在高科技时代必须彻底抛弃。

二百多年前俄罗斯军事家苏沃洛夫说:"一分钟决定战斗结局,一小时决定战局胜负";"我不是用小时来行动,而是用分钟来行动的"。战争如此,任何事亦需如此。

现代社会对时间的计算要求越来越精确。现在所用的雷达测距、测速,核潜艇的导航,多弹头导弹的制导,允许误差不得超过百万分之一秒。飞往火星的飞船在时间计算上假如有千分之一秒的误差,则飞船偏离轨道15千米。因此在高科技领域里,计时出现了毫秒、微秒、毫微秒、微微秒。央视黄金时段的广告就是按秒计费的。

法国哲学家爱尔维修说得好:"实际上,大多数人的幸福或不幸,主要区别于这10个或12个小时使用得是否巧妙。"精确地计算时间,可以杜绝时间使用上的无计划状态,可以堵住浪费时间的漏洞,可以把全天每个环节富余下来的分分秒秒的零碎时间,拼接成大的"时间板块"去干更有价值的事。节约了时间就等于创造了时间,赢得了时间就等于赢得了主动。成功者与失败者的区别也就在这里。

有一个"剪时间尺"的游戏可以阐明人生就是时间的意义,很通俗,但非常深刻。

首先,你要准备一个80寸长的软尺。假如你有80岁寿命,那么每1寸就代表1年,1岁至20岁可能是你不能自主的,截下不谈。现在你的软尺有60寸,表示你20岁至80岁的时间。你60岁至80岁这20年是老年时期,处于半退休或退休状态,所以你可以用剪刀把软尺上表示你60岁至80岁的20寸剪去。现在你的软尺只剩下40寸——你一生的黄金时间。

一般人平均每天睡眠8小时,一年365天,一年平均的睡眠时间约是三分之一,40年里就有13年的睡眠时间。软尺便剩下27寸。

一般人每天早中晚三餐,平均需要2.5小时,一年大约用去912小时,40年中便是36480小时,相当于4年时间,所以请你把软尺剪去4寸。现在的软尺还剩下23寸。

好习惯是这样养成的

　　如今一般人每天用于交通方面的时间平均为 1.5 小时，如果是外勤或推销员，所需要的时间可能是它的 2 至 3 倍。现在你问一问自己每天用在交通方面的时间有多少？如果答案是 1.5 小时，40 年便是 2.19 万小时，相当于 2.5 年，请你在软尺上剪下 2.5 寸。现在软尺剩下 20.5 寸。

　　如果你每天用于与亲友同事聊天闲谈、打电话的时间，或平时闲聊的时间是 1 小时，40 年就用去了 1.46 万小时，相当于 1.5 年。那么现在你的软尺应该剩下 19 寸。

　　此外，据统计，一般人平均每天看电视的时间接近 3 小时，而一些事业有成的社会精英则每星期少于 1 小时。假设你每天平均看电视 3 小时，40 年所用去的时间就是 4.38 万小时，即相当于 5 年的时间，请你在软尺上剪去 5 寸。现在它剩下来的应该是 14 寸，也就是仅有 14 年时光……

　　上述计算方法很中肯，对某些人而言并没有夸大其词。试问：以这短短 14 年时光去养活自己 80 年的人生，可能吗？

　　答案是否定的。这个游戏告诉我们：人生就是时间，能够把握时间的价值，才能把握人生存在的价值。

7. 充分利用时间的窍门

　　时间像水珠，一颗颗水珠分散开来，可以蒸发，变成烟雾飘走；集中起来，可以变成溪流，变成江河。集中的方法之一，是用零碎的时间学习整块的东西，做到点滴积累，系统提高。以下几种充分利用时间的窍门对我们养成节约时间的习惯非常有帮助。

　　（1）遇事三问法

　　这种方法的要旨就是以尽可能少的时间办尽可能多的事情，从时间中节约时间。具体方法是对遇到的事情提出三个问题：一是能不能取消它？首先找出有些什么事根本不必做，有些什么事做了也全然是浪费时间，无助于成功。如果有些事不做，也不会有任何影响，那么，这些事便该立刻停止。二是能不能与别的事合并？就是把能够合并起来的事尽量合并起来办。三是能不能代替它？用费时少的办法代替费时多的办法而同样能达到目的，当然是最佳方案了。

德国化学家李比希，有一次去英国考察，到一家工厂参观绘画颜料"柏林蓝"的配制过程。他见工人们先用药水煮动物的血和皮，调制成"柏林蓝"的原料。然后把原料溶液放在铁锅里再煮，并用铁棍长时间搅拌，边搅边把铁锅捣得咔咔响。李比希感到很奇怪，一个工头向他解释道："搅拌锅里的溶液时，一定要用铁棍搅，而且发出的声音越大，'柏林蓝'的质量越好。"李比希笑道："不需要这样搅，只要在'柏林蓝'原料里加点含铁的化合物就行了。用铁棍使劲磨擦，无非是把锅上的铁屑蹭下来，使它与原料化合成'柏林蓝'。这样虽然也行，但太浪费时间啦！"由此看来，遇事三问，从而采取正确的工作方法，改变不科学的工作程序，实在是从时间中节约时间、从时间中找时间的妙法。

（2）定期"盘点"法

定期"盘点"法就是从"盘点"中找时间，为了使时间使用更趋合理，使用时间也需定期"盘点"。盘点，始于计划。

订计划有两种情况，一种是漫不经心的，好像业余摄影爱好者捕捉了几个大有希望的镜头就匆忙冲洗一样，可结果往往使他沮丧。一种是严肃认真的，如同专业摄影师不但事前认真选择镜头，而且冲洗后还要仔细研究，经过剪接、曝光等一系列步骤，从中选出几张最好的，再做加工，终于成为获奖照片。有了计划之后，就要"盘点"可以投入的时间，确定行事次序，规定完成的最后期限。每隔一段时间，对计划进行重新评价和对投入的时间进行"盘点"。时间是常数，只要运用得当，便能从时间中产生巨大的精神财富。

（3）交叉耕作法

这种方法就是利用农业上交叉耕作以提高产量的方法，把一天的活动内容交错进行安排，以提高工作效率。这是因为大脑细胞长时间接受一种信息刺激、长时间持续同一个活动内容，会导致工作效率降低。如果穿插进行其他内容的活动，人体原有的兴奋产生抑制，会在其他部位出现新的兴奋区。

第八章 培养孩子理财的习惯

好习惯是这样养成的

1. 有钱并不等于幸福

谈到金钱的重要性，多数人都会有些赞同吧！然而，保持着"谈论金钱是肮脏的、不符合实际的"想法的人好像也很多。其实，金钱对人们确实很重要。

最能够理解这一点的就是犹太人了。犹太人以前没有住的地方，只能在别人的国土上做生意。但是不论他们到哪里都会受到迫害，无依无靠，渐渐形成了他们特殊的处世哲学——同族之间的互相扶持和"金钱是无与伦比的"认识。

我国有一句古老的谚语叫做"有钱能使鬼推磨"。从这句话中，人们能够体会出金钱的重要性。所以，要厉行节约，谨慎花钱。

中国人自古以来就有把钱财做三等份来使用的习惯，就是把三分之一作为生活费用，三分之一作为子女的教育费用，剩下的三分之一作为储蓄。如果问为何养育子女要花那么多的钱，是因为子女肩负着重大使命。中国人觉得任何事只要历经三代的努力都能获得成功，因此教育子女不乱花钱，金钱哲学更需要从小时候起灌输。

像这样的想法在犹太人的身上也能够看到。因为犹太人经常遭受迫害，再加上生活的困苦，他们更能切身体会到金钱的重要性。对犹太人来讲，已经顾不得"面子"问题了，他们用痛苦的经验换来了一个真理：人一旦穷困，不但没人理睬，而且身体的病痛也跟着来了。

一旦拥有了土地、房子、手头上还有些财产的人，对金钱的概念往往薄弱。可是面对下一代，你仍然要从小灌输给他们"一滴水也不要小视"的节俭精神，不然的话，他们长大以后很难发财。

尽管在人世间钱并不是万能的，可是它到底是人类求生存的物质基础。有的人总在口头上喊着想有钱，却不善于积累财富，有很多人是因为潜意识里觉得"钱是肮脏不堪的"。若是把钱当做肮脏的、使人厌恶的东西，就不要想有发财的命了。

第八章
培养孩子理财的习惯

事实上，钱不仅不肮脏而且不令人厌恶，若能够使用得当，就是通向幸福人生的绝佳工具。相反，如果利用不当，在一些情况下往往会适得其反，甚至酿成兄弟反目、仇杀的结果。从这些例子中能够清晰地看到：金钱事关重大。有了这个认识就是聚财守财的第一步。

当然，并不是有钱就能够幸福。那些就是因为有钱，把钱看得太重而遭到不幸的人，在社会上是不少的。

曾经在电视上看过这样一则新闻：有一个居住在脏乱不堪的房子里、膝下无子女的老人去世了，邻居在他的床底下翻出好几万元。如果你看到这位老人家的生活状况，会疑惑："这笔钱他究竟想干什么用呢？"

再如一个晚年丧偶、快80岁、住在破房子里的老妇人的故事。这个老妇人十分富有，仅房子就有好几栋，可是她却完全与世隔绝，仅仅和一条小狗一起守着破房子生活。就算她的钱再多，也没有人会说她的命好！

有很多青年人常常找出各种借口来安慰自己，以压抑内心深处的抗议。有些青年人说："这个职位收入高，因此最好还是保持着。将来肯定会发生改变的。"这真是麻醉内心的安眠药！

只要是一种不正当的行为，养成了习惯，它就会被看成是正当行为。如果一种行为对你十分有利，最终会在观念上毁灭你的理智，你会认为这种行为是非常值得的，最少在目前是非常值得的。

只要是一种行为"重复"的次数多了，那么以后"重复"这种行为的趋势就会更加强烈。这是一种惯性，等到一种不正当的行为成为习惯以后，你懦弱的意志尽管经常提出抗议，可是你已经"习惯"了的神经就会迫使你经常去"故技重演"。对于一种行为，你开始时是能够自由选择的；到了后来，却会变成强迫行为，而且使你变成奴隶了。你为"习惯"所逼迫着，亲密得就像"原子"为"引力"所拘束着差不多。

别再欺骗你自己，觉得你能在污秽的职位上挣干净的金钱。很多人都因为有了这种观念而糟践了自己的一生。

世界上有很多尊贵高尚的职业，有赖于像你那样有才能的人去从事；你为何不去从事，而非得践踏你的人格，贬低才能，从事不正当的职业呢？

选择职业的时候，不要以金钱报酬的多少和名利的厚薄作为标准，要选择那

好习惯是这样养成的

些最能够发展你的人格、发挥你的才能的职业。人格往往比"利"更加伟大，比"名"更加崇高！

著名宗教家诺曼·皮尔曾经谈到一个名叫里昂·鲁斯特的青年，使人感觉到他的工作尽管无法给他带来物质上的享受，可是却能够使他的人生过得充实。下面就是里昂·鲁斯特的故事。

"在我还小的时候，没有想过将来要干什么事情。脑子里所想的，像一个目标的东西，就是想过冒险的生活。高中的时候，我的生活就是体育竞赛；上大学时，生活目标变成了哲学辩论；加入空军以后，生活目标变成了在空中飞翔时的紧张和乐趣。那时的我，常常目中无人，觉得这个世界上没有人比我更厉害！

"为了寻找冒险刺激的生活，我甚至把身体暴露在枪林弹雨之中，后来，随着战争的结束，我就像兴奋剂失去时效一样从冒险生活中清醒过来了，重新面对生活。那时，我过得很失意，不仅感到了沉重的生活压力，而且不管做什么工作，都不顺心并且无法持久。这种情形持续了很长时间，弄得我没有自信，就像大海中的小船一样不知道将往何方。那时我心想，若这时有一个大使命能让我全心投入，该有多好啊！"

就在那时，里昂碰到了皮尔博士。皮尔博士在一年以前和朋友雷蒙·孙伯格合办了一份杂志，名字叫做《Guide Post》，并且想大肆推广，使它深入民心。这是一份不以营利为目的，而且不为宗教派别操纵的杂志。以前皮尔博士一个人主持，他现在想找人和他一起干。

"皮尔博士问我想不想当他的助手。"里昂说，"那时我考虑到报酬的问题，这间小小的杂志社好像没有任何前途，经济来源常常出问题，好像每期杂志在出刊以前，都要到处募钱，筹集经费，而皮尔博士每星期仅仅付我25美元。不过，他那真诚奉献的精神的确使我深受感动，他就如同牧师一样谦逊而温和，当他把为社会服务的计划讲给我听以后，我决心投入工作。皮尔博士说杂志工作一定能够给我带来好运气，我也觉得它或许是人生的转折点。"

里昂接着说："从那时起，我经常与教会的人待在一起，并且积极参加教会活动。渐渐地，我变得越来越热心……我感觉到目标正在渐渐接近，而且也对引导我人生的志向了解了一些。接着，我渐渐有一种使命感了，认为自己有义务去帮助别人，为人们服务，要努力把杂志办好。因此，这些都变成了人生目标，同时展开了另一段冒险的人生。"

后来，里昂成了《Guide Post》杂志的主编，并且十分活跃。当时的那本小杂志，在里昂的努力下已经变成全国性杂志，每期订阅的读者高达 75 万人。

里昂的人生在决定目标的同时也变得更加有意义，本来没有人生目标、没有归属感的生活也从此结束了。为了这个杂志，里昂付出了所有的心血，后来使他感到满足；不仅如此，他还帮助过很多男女解决烦恼，并且给予他们精神上的帮助，使他们的生活有所改善。现在，他已经把一切付出，相应地，他获得了别人享受不到的乐趣。

不过，要成为一个决心在任何情况下不收一分不义的金钱、不收一分说谎而得的金钱、不收一分沾染过别人眼泪的金钱、不收一分损伤人格的金钱的人，是需要莫大的勇气和毅力的。但是"人格"的用处就在这里，"人格"的用义也在这里。人们拥有的"气节"和"骨气"有什么用——就在于能够弃恶扬善！

知识链接

洛克菲勒

约翰·戴维森·洛克菲勒（John Davison Rockefeller）（1839—1937），出生于美国纽约州里奇福德。美国慈善家、资本家。1870 年确立了使用石油的标准，是 19 世纪第一个亿万富翁。现在有两所美国顶尖大学：芝加哥大学与洛克斐勒大学都是他创办的。纽约市也有许多洛克菲勒家族出资建立的地标建筑，如联合国总部大楼、洛克菲勒中心等等。洛克菲勒的人生目的是"尽力地赚钱，尽力地存钱，尽力地捐钱"。

好习惯 是这样养成的

2. 不要做金钱的奴隶

　　人赚钱是为了活着，但人活着绝不是只为了赚钱。假如人活着只把追逐金钱作为人生唯一的目标和动力源泉，那人将是一种可怜的动物——因为这样的人生已被金钱所奴役。

　　人们常说："金钱是万恶之源。"认为金钱让人堕落，让人犯罪，让人痛苦，让人毁灭。《圣经》上说："贪钱是万恶之源。"这两句话虽然只有一字之差，却有很大的差别。

　　金钱本身无善恶之别，而是取决于使用金钱的人如何来运用它。金钱可以贩卖毒品，同样也能用来建造医院、教堂。故而赚取庞大数目的金钱，并不是罪恶；使用金钱来危害大众或造福社会，要看握有金钱的人具备何种观念。人们熟知的美国石油大王洛克菲勒就是一个典型的实例。

　　美国石油大王洛克菲勒出身贫寒，在他创业初期，人们都夸他是个好青年。当黄金像贝斯比亚斯火山流出岩浆似的流进他的口袋里时，他变得贪婪、冷酷。深受其害的宾夕法尼亚州油田地区的居民对他深恶痛绝。有的人做出他的木偶像，亲手将"他"处以绞刑，或乱针扎"死"。无数充满憎恶和诅咒的威胁信涌进他的办公室，连他的兄弟也十分讨厌他，特意将儿子的遗骨从洛克菲勒家族的墓地迁到其他地方，他说："在洛克菲勒支配下的土地内，我的儿子变得像个木乃伊。"

　　由于洛克菲勒为金钱操劳过度，身体变得极度糟糕。医师终于向他宣告一个可怕的事实：以他身体的现状，他只能活到50岁；并建议他必须改变拼命赚钱的生活状态，他必须在金钱、烦恼、生命三者中选择其一。这时，离死不远的他才开始省悟到是贪婪的魔鬼控制了他的身心。他听从了医师的劝告，退休回家，开始学打高尔夫球，上剧院去看喜剧，还常常跟邻居闲聊。经过一段时间的反省，他开始考虑如何将庞大的家产捐给别人。

开始的时候，人们不愿接受他的捐赠，即使是自视为宽容大度的教会也把他捐赠的"脏钱"退回。但诚心终归能打动人，渐渐人们接受了他的诚意。

后来，找他捐钱的人太多了。无论早晨或夜晚，无论是上班时间还是用餐时刻，都会有人来请他捐钱。有一次，一个月内请求捐助的竟超过五万人。由于洛克菲勒要求每一笔捐款都必须有效地使用，所以每一件申请案均须仔细调查。面对那么多的求助者，他急得跳脚。

他的助手吉兹提出忠告："您的财富像雪球般，愈滚愈大。您必须赶紧散掉它。否则，它不但会毁了您，也会毁了您的子孙。"

洛克菲勒告诉盖兹："我非常了解，请求捐助的人实在太多了，但我一定要先弄清楚他们的用途才肯捐钱。我既无时间也无精力去处理此事，请你赶快成立一个办事处，负责调查事宜。我会根据你的调查报告采取行动。"

于是，在1901年，设立了"洛克菲勒医药研究所"；1903年，成立了"教育普及会"；1913年，设立了"洛克菲勒基金会"；1918年，成立了"洛克菲勒夫人纪念基金会"。

哲学家史威夫特说过："金钱就是自由，但是大量的财富却是桎梏。"洛克菲勒深谙这个道理，他一生之中共捐了数以亿计的财富。他的捐助，不是为了虚荣，而是出自至诚；不是出于骄傲，而是出自谦卑。

他后半生不做钱财的奴隶，喜爱滑冰、骑自行车与打高尔夫球。到了90岁，他依旧身心健康，耳聪目明，日子过得很愉快。

他逝世于1937年，享年98岁。他死时，只剩下一个标准石油公司的股票，因为那是第一号，其他的产业都在生前捐掉或分赠给继承者了。

歌德曾经说过：唯有懂得金钱真正意义的人，才应该致富。他的意思是说，许多人虽然能够很快致富，却不能关怀、体谅别人。他们被金钱迷住了眼睛，失去了合理运用金钱的理性，终归会为此而付出昂贵的代价。

如果不作金钱的主人，便会成为金钱的奴隶。其间的差别，完全取决于能否认清金钱的力量，以及是否掌握了处理金钱的方法。把钱用于正道，才会清廉做人，并受益终身。这完全是一念之间的事。

钢铁大王安德鲁·卡内基也说："一个人死的时候还极有钱，实在死得极可耻。"

要有合于时代的金钱感觉，即合理地支配拥有的钱财。

在《赢家的强运法则》一书中，作者这样写道："这句话说来容易，实际做来却有困难，因为人对事情的想法和创意，多多少少曾受限于生长的环境，所以虽然知道，却不容易做到。"

因此，我们要告诫大家一个基本的哲学命题：做金钱的主人，不要做它的奴隶！

换句话说，不要被金钱束缚，虽是个基本的想法，却值得跨越任何时代而铭记在心。我们虽然难以达到洛克菲勒的境界和卡内基所说的标准，但作为普通人，却可以有自己的活法。

诚如托尔斯泰所说的那样："钱只有在使用时才会产生它的价值，如果放着不用，就根本毫无意义。"

让金钱为我所用，为人所用，而不要成了不肯花钱的可怜的守财奴。这样的人生才能痛快潇洒！

3.欠债的人是奴隶

现在的年轻人越来越不认为背债是耻辱的事。缺乏道德的行为渗透到了社会各个阶层。人们变得越来越铺张和奢侈，又没有足够的钱满足这些新增的需求，于是开始毫无顾忌地欠债。奢求得到了满足，却欠下了大量的债务。这些债就像磨盘挂在脖子上一样沉重。

第八章
培养孩子理财的习惯

铺张的习惯一旦形成，就很难改掉。现在，人们毫无顾忌地欠债，根本不想怎样还债。公众的道德被逐渐腐蚀了，悲惨也随之扩散到整个中层阶级和上层阶级。道德的格调已经下降，要想恢复过来，需要很长的时间。

最保险的方案就是不要积累账单，不要欠债。如果欠了债，要尽可能偿还债务。欠债的人已经不是自己的主人了，他受债主的支配，成了律师抨击的对象、债权人的笑柄和邻居们反感的对象。他的道德品质堕落败坏，连家人都鄙夷不屑地对待他，犹如对待一个奴隶。

蒙田说过："对于还债，我总是感到高兴，因为我从肩膀上卸下了令人疲倦的重担，也摆脱了受奴役的形象。"约翰逊称节省为自由之母，这是完全有理由的。欠债的人不是自由的人。债务不可避免地损害个人独立，而且从长期来看，还会带来道德的沦丧。欠债的人总是遭受屈辱。可敬的人一定会讨厌借钱给不能或不想还钱的人，厌恶花别人的钱喝酒、穿衣和装门面。

多西特伯爵像许多年轻的贵族一样欠了债，只好用他的房产做抵押贷款。但是他的挥霍行为被一个市参政员的无礼行为治好了：那个市参政员经常光顾他的接待室催债。从那时起，伯爵就决定节俭，不欠任何人的钱。他做到了。

让每个人都坚韧地面对他的困难，记录他的收入和债务吧。不管这个账本有多厚，或是显得有多喜人，他必须清楚地知道他是如何度过一天又一天，怎样坦然地看待这个世界。如果他有妻子的话，就让他也告诉妻子他是如何在这个世界上生存的吧。如果他的妻子是个有远见的人，就会帮助他节省开支，使他能体面、诚实地生活。没有一个好妻子会同意穿不属于自己而属于店主的衣服，举办不属于自己而属于别人的宴会的。

愿意生活在收入以内的人必须懂得一些计算的知识，算术知识也是日常生活的重要技巧。如果不懂加法和减法，怎么能比较开支与收入呢？

如果不知道数值的大小，怎么能够检查工匠或仆人的账单呢？欠缺算术知识不仅是巨大浪费的原因，而且也是巨大悲惨的一个根源。许多地位高贵的家庭就是因为对这门知识一窍不通而陷入赤贫的。

即使是最有经济头脑的人在管理他们个人事务时也可能完全垮下来。威廉皮特在英国处于史无前例的困难时期管理着国家的财政，但他自己却深陷债务之中。卡林顿勋爵，前银行家，有一两次在皮特的要求下，检查了他的家庭账务。他发现，账单上付了费的肉是一周 100 重量单位，仆人的工资、伙食费、住宿费和日常开支的账单每年超过 2300 英镑。皮特死后，国家投票通过拨 40000 英镑偿还他的债务。但是，皮特生前的年薪从来都不下 6000 英镑，而且他在担任五港同盟的保管人期间，年薪超过 4000 英镑。麦考利还说过："如果皮特对伯里克利和威特不感兴趣，如果他保持节俭，他的品德就会更高。"

4. 宁可贫穷也要拒绝债务

如果不节俭，就容易陷入负债的泥潭中。正如每个敏感的人一样，斯科特认为贫穷比负债更轻松。贫穷没有什么可耻的，它也许还是对伟大精神有益的刺激。圣·保罗说："在金山和金宝座下，埋葬着许多精神上的巨人。"里希特甚至认为，贫穷应该受到欢迎，这样，贫穷就不会来得太迟。如此说来，斯科特的负担就更重了，因为他的债务是在他年老体衰的时候才压在他身上的。

莎士比亚原先是个穷人。卡莱尔说："问题是，如果没有在埃文河畔斯特拉特福时那样的贫乏窘迫的困境，莎士比亚就不会以杀小牛或梳羊毛度日为生了。"我们也许应该把弥尔顿和德莱顿最好的作品归功于他们微薄的收入。

约翰逊非常贫穷，但他非常勇敢。他从来不知道财富是什么，他的头脑总比他的财富多，而正是头脑使人变得富有或贫穷，变得幸福或悲惨。他粗暴坦率的外表下面是男子汉的气概和高贵。他早年的时候就了解贫穷和债务，并希望自己与之都不沾边。上大学的时候，因为太穷，他的脚趾露在了鞋子外面。他的脑袋里装的全是知识，口袋却是空荡荡的。那么，他在伦敦的开始几年是如何与贫穷和困难斗争的呢？答案可以从他的生活中找到。

他一天的住宿和伙食费是4.5便士。当他穷得买不起一张床时，他就与萨维奇整夜在街上闲逛。他勇敢地奋斗下去，从来不抱怨命运，只是努力抓住命运的脉搏。约翰逊早期的悲伤和奋斗给他的本性留下了疤痕，但同时也扩大、丰富了他的经历，增强了他的同情心。即使在最贫穷的时候，他心里还装着那些比他更穷的人。他对于那些需要他帮助的人或那些比他更穷的人一直都给予了极大的帮助。

从悲惨的经历来看，没有人比约翰逊更有权利谈债务的问题了。他在给博斯韦尔的信中说道："不要习惯于将债务只看做是一种不便，你不久就会发现债务是一个大灾难。你首先要注意的就是不要欠任何人的债。不管你想要什么，都尽量少花钱。节俭不仅是平静的基础，也是善行的基础。"他在给律师辛普森的信中写道："小笔债务就像小子弹，四处发射，不管你怎么逃脱都会受伤；大笔债务就像加农炮，声音很大，危险却很小。因此你必须及时偿还琐碎的债务，这样你才能有时间、有保障与大债务搏斗。"他对博斯韦尔说："先生，尽力为自己的生活寻找平静吧。要量入为出，这样你就不会错得太远。"

靠智慧、才能或天赋为生的人，却不知怎么养成了没有远见的性格。查尔斯·诺迪埃这样描述一位杰出的天才："在智慧和艺术生命中，他是天使，在每天普通的生活中，他是个孩子。"这一说法也同样适用于许多伟大的作家和画家。他们全身心地投入到工作中，却不考虑如何把天才的努力转化成金钱。话虽这么说，如果他们把钱放在第一位，我们也许就看不到他们天才的作品了。如果弥尔顿只是为了赚5英镑而创作《失乐园》，他就不会花那么多年辛苦地写它。如果席勒只为他工作赚的工资也就是他那点儿生活费用的话，他就不会为攀登思想的最高峰进行20年的辛勤劳作。

萨克雷在他的《彭登尼斯》中描绘山顿这个人物的性格时，说了许多批判文学职业的话，但他说的是事实。他说："如果律师、士兵或牧师花销大于收入，付不了账单，他就必须去监狱。作家也一样。"搞文学的人并不能因为他们是文人而被忽视，他们没有权利期望社会因为他们是文人而忽视他们的罪恶。文人和画家应该同其他人一样"为将来不好的日子做准备"。这不仅对他自己有必要，而且对世界也有必要。斯特尔夫人说："想象和艺术应该照管好自己在这个世界中的舒适和幸福。"世界应该慷慨地帮助他们，所有的好人都应该帮助他们，但是最好的帮助应该而且必须来源于他们自己。

5. 帮助孩子认识"钱"

用现实生活中的实例教育孩子认识钱不失为一种好方法。

要让孩子了解自己父母的收入来源、开支、储蓄等经济情况，并通过带孩子上街购物等机会，做一些物品价格的比较。

有一天，妈妈带小明上街，小明要买3元钱一个的冰淇淋，妈妈就告诉他3元钱可以买1斤黄瓜（6角）、1斤西红柿（1元）、半斤豌豆（8角）、3斤小白菜（6角），这些菜一家三口两顿也吃不完。

从这样的比较中，小明恍然大悟："原来3元钱可以买这么多的菜呀！"当小明了解了3元钱在生活中意味着什么，便主动对妈妈说："那我还是别买冰淇淋了吧！"妈妈知道孩子这时候是又渴又热，就对小明说："买根便宜的冰棍吧！"小明非常高兴地接受了，结果仅花了3角钱。小明的妈妈没有简单地拒绝孩子，而是利用街上的情境，用很简单的方式说服了孩子，让小明懂得了3元钱在生活中的价值。

第八章
培养孩子理财的习惯

帮助孩子认识"钱",我们给父母们的建议有如下几点:

(1)教育孩子节省钱

"从小没有储蓄罐的孩子是不健全的孩子",这是一个颇有见地的认识。孩子从3岁时,父母就要帮助他开始积攒硬币的游戏了。6岁前,就得让孩子明白"银行"不仅是取钱的场所也是存钱生息的地方。应该以孩子的名义在银行里为他开个户头,并把属于他的零钱存进去,这能培养他节省"自己的钱"的习惯。

(2)给予孩子必要的津贴

孩子每月若能得到一定数额的津贴,他们就能学会生活的基本法则:有钱才能消费。但这"有钱"必须随着孩子年龄的增长而增加,而且孩子消费的账单必须记在孩子的户头上。这样,当父母听到孩子发出"我要买××"的声音时,就可以毫不犹豫地回答:"先瞧一瞧你的存折吧!所有这一切你能消费得起吗?"压力会立刻从家长的身上移开,买不买成了孩子自己的决定。

(3)不要用钱来利诱或惩罚

用钱利诱、惩罚从来是父母们的"专利"。但应该充分认识它的危害。如答应给孩子的津贴,应按时给予,不能因为孩子的懒散行为,不愿学习,不愿做家务而任意减少、克扣甚至取消;做父母的也不能因为自己在哪儿发了一笔横财,而对孩子突然慷慨大方;孩子在家里表现勤劳以及在校取得良好的成绩,称赞他几句已经足够了。

(4)不要掩饰家庭的经济状况

有时候,在有些经济条件并不宽裕的家庭,父母们碍于和孩子谈钱,总觉得面子上不好看,甚至有的还"打肿脸充胖子",自己省吃俭用也要让孩子吃好、穿好、兜里有钱。其实这样做是大可不必的。当孩子问起家庭收入及经济状况的时候,永远不要对孩子说谎。有时候孩子提出的问题或许代表了孩子想要了解的另一层意思。比如:"我们是不是很有钱?"真正的意思

好习惯是这样养成的

是："我会不会像我们班的同学×××那样有那么多的名牌衣服，有那么多的零花钱？"在这种情况下，家境并不宽裕的父母应当告诉孩子自己的收入，教育孩子不要和别人攀比。如果孩子坚持要买一件名牌衣服，父母可以直截了当地告诉他："咱家买不起！"同时教育孩子懂得要使生活过得更好，必须付出辛勤的劳动，将来要靠自己自食其力。尽管孩子不必了解家庭经济的具体状况，但是家庭经济所能承受的最大压力应让孩子彻底明了。父母毕竟不是孩子的"银行"，把自己有限的财产一五一十地向孩子交了底，孩子反倒会珍惜家里的每一分钱。

（5）让孩子了解父母的工作

父母可以为孩子创造条件，让孩子懂得劳动和收获之间的关系，鼓励孩子利用假期去参加公益劳动或者勤工俭学，体会劳动的艰辛和父母挣钱的不易。一位中学生替年近50岁的父亲送了一天报纸之后说："当我爬完最后一户的楼梯时，我只有一个念头，我再也不会用父亲一天的工作报酬去玩一次游戏了！"未成年的孩子往往不知道父母的钱是从哪里挣来的，并对父母给的钱抱有一种无所谓的态度。但是，当带领他们参观自己工作的场所，特别是体力劳动者那些流血流汗的挣钱场所，情况就大不一样了。父母的劳动会对孩子的幼小心灵产生一种惊心动魄的震撼效果。父母的辛劳，会在孩子所触摸到的世界里得到补偿：那就是孩子会更了解父母的工作，热爱家庭生活，珍惜父母所带来的财富，并和父母一起携手，去赢得有限的人生！

知识链接

约瑟夫

老约瑟夫·帕特里克·肯尼迪，美国企业家和外交家，生于波士顿。美国第35任总统约翰·肯尼迪（1917—1963）的父亲。经营银行业、造船业和电影发行业，而立之年即成为百万富翁，后进入政界。1934—1935年任股票和交易委员会主席，1936—1937年任海事委员会主席，1937—1940年任驻英国大使。生有四子五女。其中长子小约瑟夫·帕特里克·肯尼迪在第二次世界大战中阵亡。其余三子都进入政界，即有名的"肯氏三兄弟"。

6. 训练孩子有计划地消费

要训练孩子有计划地使用钱，最好是对花钱有个预算。如果父母每个月或者每个星期给孩子一次钱，那么这钱孩子打算怎么花，父母可以指导孩子订个小的计划。比如多少钱用于买学习用品，多少钱用于买自己喜欢的日用品，多少钱用于买零食……这样可以防止孩子乱花钱，还可以培养孩子把钱用在刀刃上的良好习惯。当孩子超出计划的时候，父母最好是和孩子商量，将那些可花可不花的项目删掉。当周末或者月末的时候，让孩子把已经花了的钱与计划的项目对照一下，省下来的钱由孩子自己来支配。

美国教育专家针对不同年龄的儿童提出了他们应了解的消费常识：1-3岁能辨别不同硬币和纸币的价值；4岁懂得不能见什么买什么；5岁知道钱是怎么来的；6岁能区分不同面值的一些钱；7岁能学会看简单的价目表；8岁能知道把钱存到储蓄账户上；9岁能自己安排简单的一周开销计划；10岁懂得节约的意义；11岁知道从电视中了解有关的广告；12岁懂得正确使用银行业务中的常用术语等等。专家为美国孩子拟订的"标准"对我们中国的父母是否也有一定的启迪呢？

肯尼迪总统是世界上最年轻有为的总统，他的成功离不开家庭的教育，他突出的特点便是从小就没收到过多少零用钱。他的父亲约瑟夫，是美国最大的五位企业家之一，他先后担任过美国证券交易委员会主席和驻英大使。他的一生为培养子女做出了巨大努力，并取得了惊人的成功。

约瑟夫有四个儿子：长子在二战中阵亡，次子叫乔治，三子叫肯尼迪，小儿子叫罗伯特。约瑟夫是美国最富有的人之一，为了防止孩子出现意外事故，他给每个孩子存了1000万美元的委托基金。他虽然家里富有，但从不因此而让孩子随意花钱。他从小就注意对孩子进行节俭教育，严格控制他们的零用钱。他决定根据孩子们的年龄大小，每月只给他们很少的零花钱。肯尼迪做了总统后，报纸

好习惯是这样养成的

上公布他在 10 岁时,向父亲递交的一张申请书,请求父亲将他每月的零花钱由 4 角提到 6 角,但他的父亲约瑟夫没有同意这一请求。

如何为孩子们提供一个良好的家庭环境,这是约瑟夫在教育孩子时所注意的一个问题。他让家中的家具尽可能地舒适,适合孩子,但不能华贵豪奢;每天给孩子们吃的食物,要求清淡;房子保持整洁,但从不限制孩子们喜欢的动物跑进跑出,不限制孩子们从外面玩耍回来带进沙土,也不禁止孩子们乱扔衣服,在他家的桌下、厅堂过道上到处都可以看到孩子们乱放的运动鞋。

在约瑟夫的耐心教育下,他的孩子们最终都成为杰出的人才。肯尼迪当了美国的总统,乔治曾被公认为是家族中最有希望成为总统的一个,小儿子罗伯特曾任美中司法部最高司法官及纽约市议员,也表现出卓越的才能。

可见,对孩子的关爱并不等于让孩子随便花钱,因为那会让孩子忘记金钱的得来是需要努力的。肯尼迪可以向父亲提出增加零花钱的请求,从另一侧面告诉我们:不是不可以谈钱,关键在于以一种什么方式、什么用途来谈钱,怎样理智地消费。

(1)训练孩子们有计划地使用钱

现在,孩子们大多存在这样的毛病,就是父母给多少钱就花多少钱,花完了就跟父母要,花钱很没有节制。所以,父母最好是和孩子一起制订出一个消费计划。在父母给孩子钱的时候,可以提出一个支出原则,让孩子自己去订计划,父母不必直接干预,但要对孩子的计划进行监督、检查。

这样,孩子在日常生活中才能养成好习惯,懂得预算,懂得把钱花在刀刃上。

(2)给孩子钱要有节制

无论孩子年龄多大,也无论家庭经济条件如何,在给孩子零花钱方面,父母一定要有所节制,把钱的数额控制在孩子有能力支配的范围之内。一般来说,零花钱的数额并没有一个定数,父母要根据孩子的日常消费来预算。这些开支大多包括买零食、午餐费、车费、购买学习必需品的费用。另外，父母还要给孩子一些额外的钱，也就是说，父母给孩子的钱，要比预算宽裕一些，这样才能为孩子的储蓄创造可能性。

（3）带孩子购物，向孩子示范理智消费

教育孩子根据计划购物，告诫其用好每一件东西。买东西是为了使用，这是不言而喻的。没有用的东西坚决不能买，应当作为家庭的一条规矩。一位父亲曾带着6岁的孩子逛了3家商店，目的是为了买一辆物美价廉的自行车。最后，父亲把省下来的10元钱买了一个孩子向往已久的乒乓球拍。这位父亲的做法很聪明，他的行为给孩子做了很好的示范，使孩子了解了什么是价格差，什么是明智消费。这样，孩子在自己支配钱的时候，也会注意节俭。

（4）给孩子预习成年人生活开支的机会

孩子们虽然接触了钱，但他们很少接触到真正的成年人生活。所以，当他们长大以后，需要自己支付水电费、房租、物业费的时候，他们常常会觉得束手无策。因此，父母最好从现在开始，就给孩子一些机会，让他们去买菜、交电话费等，使孩子知道家里的钱是怎么花出去的，家用每个月都有哪些开支。这样，孩子有了了解家中"财政"的机会，当他们长大成人以后，也会综合考虑家庭开支，不至于顾此失彼。

（5）有付出才有收获

当孩子到了三四年级时，进一步地告诉他，唯有辛勤地工作才能获得高报酬。若是妄想不劳而获，或是羡慕别人有钱，想用不正当的方式得到财富，不但会遭到惩戒，也会受到同伴的耻笑。告诉孩子，金钱是为了支付全家人的开销，任何一个家人如果滥用金钱，将会影响到全家人的生活；为了让家人有安定的日子，谁都没有权利随意花费或浪费金钱；身为家庭的一分子，就应该为全家人着想。借此培养孩子的责任感，一个有责任感的人，不但会为自己负责，也会为他的家庭负责。

（6）用自己的钱买自己的东西

为了进一步落实"付出才有收获"的观点，爸妈不妨给孩子一些工作。例如：摆餐桌、铺床、擦桌椅、倒垃圾、扫地等等。做这些家务事不但可以锻炼孩子的劳动力，也能让他们体会"付出才有收获"的观念。而且，用自己的劳力、智力换取来的报酬，更值得珍惜。今天，很多孩子可以无条件地得到高额的零用钱，难怪他们会有"不劳而获"才是聪明人做法的错误观念。

（7）别让自己成为被勒索的对象

"学校里有那么多学生，为什么偏偏勒索你呢？"不妨和孩子讨论一下这个问题：是因为你长得太瘦弱了？还是让人知道你很有钱，是一只揩得出油的肥羊？财不外露的观念，有必要灌输给孩子；还要告诉孩子，别打肿脸充胖子，当个冤大头。

7. 帮助孩子学会储蓄

被称为股票神童的司徒炎恩14岁便名扬华尔街。9岁时，在妈妈的生日那天，司徒炎恩做了一个生日卡送给她，写道："我没有钱买礼物，但我可教你如何投资。"另外写了一封信，说如果有几十元钱可以买股票，有4000多元钱便应该买房子出租。他十二三岁就想自己买股票，结果，股票行不让儿童买股票。到14岁那年，司徒炎恩用储蓄下来的100美元买了一家电脑软件公司的股票，股票价格大涨，3个月之后，他把股票卖掉，净赚8013美元。1993年在父母的同意下，他向家人、亲戚及要好的朋友借钱，共集资2万美元，成立了自己的基金公司，15岁的司徒炎恩成为该基金公司的经理。

3年之中，他的基金每年均有3成多增长，1996年达到4成增长。后来，他父亲把自己10多万美元的退休金交给他管理，这位年轻的基金经理打算积极吸纳投资者，5年赚到2000万美元。

从股票神童司徒炎恩给妈妈的生日礼物，可以看出西方有些孩子有较强的金钱观，甚至高过上辈人。司徒炎恩生在著名的国际大都市香港，长在商品经济高度发达的美国，金融中心香港和拥有占全国人口40%的股民的美国对司徒炎恩有巨大的影响和熏陶，纽约金融中心——曼哈顿，以及全球最大的证券公司——

第八章 培养孩子理财的习惯

美林公司是他成长的土壤。司徒炎恩经常出入曼哈顿，在美林证券公司打工，为他的成长创造了良好的外部环境。

美国有一本畅销书叫做《钱不是长在树上的》。这本书的作者戈弗雷在谈到储蓄原则时指出：孩子们可以把自己的零花钱放在3个罐子里。第一个罐子里的钱用于日常开销，购买在超级市场和商店里看到的"必需品"；第二个罐子里的钱用于短期储蓄，为购买"芭比娃娃"等较贵重的物品积攒资金；第三个罐子里的钱则长期存在银行里。为了鼓励孩子，可以陪孩子一起去银行存钱，并以孩子的名义开一个户头。当孩子在铅印的存单或存折上见到自己的名字时，会使他们感到自己长大了，变得重要。把钱存在银行的另一个好处是：它能使孩子充分理解钱并不是随便地就可以从银行里领出来，而是必须先挣来，把它存到银行里去以后才能再取出来，而且还会得到多出原来存入的钱的利息。

那么，怎样培养孩子储蓄的习惯呢？

（1）一起决定应该存多少钱

虽然孩子要从礼物、工资或零用钱中拿出多少比例的钱来存，所存的钱会随礼物、工作和年龄而有所不同，但重要的是要让他们在拿到钱之前，就先养成储蓄的习惯。

（2）储蓄优先

孩子和大人一样，都会把储蓄这件事延后再做，结果到最后才发现自己没钱可存了，所以要帮助孩子在做其他事之前先把钱存起来。孩子长到3岁，父母便可以用家里的钱和他玩储蓄游戏。鼓励孩子将自己的积蓄存到家中的"银行"，用孩子的名义开一个"账户"，让他有自己的"存折"，并妥善保管。到6岁时，应该让孩子理解，把钱存到银行里，不是银行把钱"拿走"了，而是把钱安全地存放起来，并使之有所增加。这样做有助于孩子养成储蓄的习惯。

（3）为特定的目标设定期限

如果孩子要存钱买一组电子游戏机配件，建议他找出一张那组配件的照片，然后在上面写上希望购买的日期。用磁铁把照片贴在冰箱门上或贴在他卧室的门上，让他能时时看到自己的目标。

（4）和孩子分享"骗自己存钱"的技巧

每周存下部分的零用钱（你的话则是薪水）；将所有在过节时收到的礼金都

存起来；少花点钱在自己身上，多做些额外的家事；在把钱花掉之前先存起来；看电影时和朋友共吃一盒爆米花，而不要自己吃一整盒；尽量少放钱在口袋里。

（5）让孩子明白金钱得来不易

当孩子上小学一年级（或是幼儿园大班），第一次给他零用钱时，你就必须告诉他：那些钱是爸爸妈妈辛辛苦苦工作赚来的，要珍惜它，不要随便浪费掉，让孩子明白金钱得来不易。

（6）指导孩子合理地使用"零花钱"

可以制订一个计划，什么东西是必要的、急需的，应优先考虑。监督孩子零用钱的支出。随着年龄的增长，孩子有一些自己支配的零用钱，由孩子支配，父母应予以指导和监督。

知识链接

华尔街

华尔街是美国纽约市曼哈顿区南部从百老汇路延伸到东河的一条大街道的名字，全长500多米，宽11米。街道狭窄而短，从百老汇到东河仅有7个街段，却以"美国的金融中心"闻名于世。美国摩根财阀、洛克菲勒石油大王和杜邦财团等开设的银行、保险、航运、铁路等公司的经理处集中于此。著名的纽约证券交易所也在这里，至今仍是几个主要证券交易所的总部：如纳斯达克、美国证券交易所、纽约期货交易所等。

第九章 培养孩子关注细节的习惯

好习惯是这样养成的

1. 细节最能反映一个人的真实状态

细节最容易为人所忽视，所以最能反映一个人的真实状态，因而也最能表现一个人的修养。正因为如此，透过细节看人，逐渐成为衡量、评价一个人的最重要的方式之一。现在，有些用人单位在招聘时，还专门针对细节下些功夫。

有一个流传很广的关于应聘的故事：

有家招聘高级管理人才的公司，对一群应聘者进行复试。尽管应聘者都很自信地回答了考官的简单提问，可结果都未被录用。这时，有一位应聘者，走进房间后，发现干净的地毯上有一个纸团，他一声不响地弯腰捡起了纸团，准备将它扔到纸篓里。这时，考官说话了："你好，先生！请看看你捡起的纸团吧！"这位应聘者打开纸团，只见上面清楚地写着："热忱地欢迎你到我们公司任职。"后来，这位应聘者成了这家公司的总裁。

在地上放置纸团显然是招聘公司用来考察求职者是否关注细节的，那些对纸团视而不见的应聘者无疑是不合格的，不合格自然铩羽而归，而那位弯腰捡纸团的应聘者正是招聘公司寻求的对象。在这里，一个不经意的细节就决定了面试的成败。

又有这样一个故事：南非有一个高尚而富有的企业家建了一所女子学院。在那里女孩子们能受到良好的英文教育，还能学习怎样自立。企业家需要一个负责人兼教师。学校董事会给企业家推荐了一个年轻女士，董事会各成员对这位年轻女士的学识、修养、完美的风度大加赞扬，认为她是这一职位的唯一人选。于是，那位企业家感到自己很幸运，他立刻就邀请这位女士来见自己。百闻不如一见，这位女士名副其实地具备所有需要的素质。然而企业家却莫名其妙地拒绝给她任何机会。很久以后，当有朋友问起，为什么不可思议地拒绝雇用如此能干的一个教师时，企业家回答说："那是因为一个小细节，一个像蝌蚪文字一般隐含着重

第九章
培养孩子关注细节的习惯

大意义的小细节。那个女士来我这儿时，穿着昂贵的时装，戴的手套却肮脏破烂，鞋上的扣子近一半已掉了。一个邋遢的女人不适合做任何女孩的老师。"那位应聘者或许永远都不会知道她落选的原因，因为无论从任何方面讲她都非常适合这个工作，然而她忽视了衣着的细节，所以错过了就业的机会。

企业用人是有标准的，平时一些不经意的细节，并不是用标准就能衡量得出来，但它却能反映出一个人真实的东西——修养。

夸张地说，细节有时候可以决定命运。曾经有一位女大学生在谈到婚姻爱情这个话题时说，假如有个男同胞在她面前打个嗝，哪怕他再优秀，也绝无同他发展下去的可能。这话多少有点孩子气，也近乎苛刻，但有时候，这样的细枝末节还真能左右人的选择。

一个优秀的小伙子经人介绍认识了一位才貌并不出众的姑娘，第一次见面后他决定继续保持联系的重要理由就是：当他们在看电影的时候，那个女孩吃完了手中的冰淇淋后，把包装纸缠在木棒上始终拿在手里，直到走出电影院才投进垃圾箱。女孩做得十分自然，不像是故意做出来的。仅此一个细节，体现出了她自身良好的教养；仅此一个细节，他们终于喜结连理。

对于细节的敏感不仅仅体现在婚姻恋爱的选择上，很多时候，人们对于个人的评价，也时常要受到一些细节的影响。平时，我们展示完美的自己很难，因为这需要每一个细节都完美；但毁坏自己很容易，只要一个细节没注意到，就会给自己带来无法挽回的影响。

细节的成功看似偶然，实则孕育着成功的必然。细节不是孤立存在的，就像浪花显示了大海的美丽，但必须依托于大海才能存在一样。所以智慧的人总能捕捉到一些细节，并以此来鉴定人的品格。

好习惯是这样养成的

2. 细节决定成败

老子曾说:"天下难事,必做于易;天下大事,必做于细。"这句话精辟地指出了想成就一番事业,必须从简单的事情做起,从细微之处入手。相类似的,20世纪世界最伟大的建筑师之一的密斯·凡·德罗,在被要求用一句话来描述他成功的原因时,他也是只说了一句话:"魔鬼在细节。"他反复强调,如果对细节的把握不到位,无论你的建筑设计方案如何恢弘大气,都不能称之为成功的作品。可见对细节的作用和重要性的认识,古已有之,中外共见。也就是所谓"一树一菩提,一娑一世界",生活的一切原本都是由细节构成的。如果一切归于有序,决定成败的必将是微若沙砾的细节,细节的竞争才是最终和最高的竞争层面。在今天,随着现代社会分工的越来越细和专业化程度越来越高,一个要求精细化的管理和生活时代已经到来。

当零售业巨子沃尔玛的年营业总额荣登2002年美国乃至世界企业的第一把交椅时,《财富》杂志记者不无惊叹地写道:"一个卖廉价衬衫和鱼竿的摊贩怎么会成为美国最有实力的公司呢?"其实,沃尔玛的成功没有秘密,仅仅是因为注重了细节。沃尔玛曾经以天天平价著称,但今天人们发现其实它的东西也并不便宜多少,但它的服务却是一流的。例如对于职员的微笑,沃尔玛规定,员工要对三米以内的顾客微笑,甚至还有个量化的标准:"请对顾客露出你的八颗牙。"为提高服务,沃尔玛规定员工认真回答顾客的提问,永远不要说"不知道"。哪怕再忙,都要放下手中的工作,亲自带领顾客来到他们要找的商品前面,而不是指个大致方向就了事。正是注重了这些细微的小事、细节,才缔造了强大的沃尔玛帝国。

成大业若烹小鲜,做大事必重细节。在中国,想做大事的人很多,但愿意把小事做细的人很少。其实,我们不缺少雄韬伟略的战略家,缺少的是精益求精的执行者；不缺少各类管理规章制度，缺少的是对规章条款不折不扣的执行。中国有句名言，"细微之处见精神。"细节，微小而细致，在市场竞争中它从来不会叱咤风云，也不像疯狂的促销策略，立竿见影地使销量飙升，但细节的竞争，却如春风化雨润物无声。今天，大刀阔斧的竞争往往并不能做大市场，而细节上的竞争却将永无止境。一点一滴的关爱、一丝一毫的服务，都将铸就用户对品牌的信念。这就是细节的美，细节的魅力。

3. 细节中隐藏着成功的机会

一个电影好看，需要注意细节；一个人要想成功，需要注意细节；一个企业若想发展，也需要注意细节。人生固然要有大模样的远景构思，但人生更富价值和意义的却在于生活的平淡琐碎中。生活是充满了细节的，正是这些细节才使得生活血肉丰满、栩栩如生，才使得生活丰富多彩、魅力无限。否则，生活一定是一片空白，显得单调乏味。

多数人的多数情况只能面对一些具体的事、琐碎的事、单调的事，也许过于平淡，也许显得鸡毛蒜皮，但这就是生活，是成就大事的不可缺少的基础。认为小事可以忽略、细节不影响大局的想法，其实是一种错误的观念，可能使一个人的事业功亏一篑。

就像有一首名为《钉子》的小诗中写道的：

丢失一个钉子，坏了一只蹄铁；

坏了一只蹄铁，折了一匹战马；

折了一匹战马，伤了一位骑士；

伤了一位骑士，输了一场战斗；

输了一场战斗，亡了一个国家。

中国人想做大事的人太多，而愿把小事做完美的人太少。一个做事不追求完

好习惯是这样养成的

美的人，是不可能成功的；而要做事完美，就必须注重细节。

我们要有理想，要有干大事的雄心，但一定要从小事做起，有把小事做细的韧劲。因为，把小事做好，不仅仅是一种工作态度，而且小事中往往隐藏着成功的机会。

日本狮王牙刷公司的员工加藤信三为了赶去上班，着急刷牙时，竟致牙龈出血。他为此而感到恼火，上班的路上仍是一肚子不舒服。但在心头火气平息下去以后，他便和几个要好的伙伴提及此事，并相约一同设法解决刷牙容易伤及牙龈的问题。

他们想了不少解决刷牙造成牙龈出血的办法，如将牙刷毛改为柔软的狸毛，刷牙前先用热水把牙刷泡软，多用些牙膏，放慢刷牙速度等，但效果都不太理想。于是，他们进一步仔细检查牙刷毛，在放大镜底下，发现刷毛顶端并不是尖的，而是四方形的。加藤信三想："把它改成圆形的不就行了！"于是他们着手改进牙刷。

加藤信三经过实验取得成效后，正式向公司提出了一项改变牙刷毛形状的建议，公司很乐意改进自己的产品，欣然把全部牙刷毛的顶端改成了圆形。改进后的狮王牌牙刷在广告媒介的作用下，销路极好，连续畅销 10 年之久，销售量占全国同类产品的 30% ~ 40%。加腾信三也由职员晋升为科长，十几年后成为公司的董事长。

不会做小事的人，也做不出大事。牙刷不好用，在我们看来都是司空见惯的事情，但很少有人想办法去解决这个问题，所以机遇就不属于大多数人。而加腾信三既发现了问题，又设法解决问题，结果他由此获得了机会。所以，牙刷不好对他来说，就是一个机遇。这是注重和追究细节给人带来机遇的一个实例。

有一句耳熟能详的话，叫"魔鬼存在于细节之中"。为什么细节会成为魔鬼的栖身

第九章
培养孩子关注细节的习惯

之地呢？因为人们在工作和生活当中，经常会忽略了细节的存在，从而让魔鬼有机可乘。

一位管理学家指出，在市场竞争日益激烈残酷的今天，任何细微的东西都可能成为"成大事"或者"乱大谋"的决定性因素。

把每一件简单的事做好就是不简单；把每一件平凡的事做好就是不平凡。

无论在生活中还是工作中，愿意把小事做细的人才能最终脱颖而出。我们必须改变心浮气躁、浅尝辄止的毛病，提倡一丝不苟、注重细节的作风，把大事做细，把小事做好。

一个伟大的人，往往在渺小细微处表现出他的伟大。成功的人往往极其注重小事和琐事，并且特别喜好在细节上下功夫。在约翰·肯尼迪总统眼里，似乎任何细枝末节都具有特别重要的意义。在其就职典礼的检阅仪式中，肯尼迪注意到海岸警卫队士官中没有一个黑人，便当场派人进行调查；他在就任总统后的第一个春天发现白宫返青的草坪上长出了蟋蟀草，便亲自告诉园丁把它除掉；他发现美国陆军特种部队取消了绿色贝雷帽，便下达命令予以恢复；尤其使人感到意外的是，肯尼迪在就任总统后不久举行的一次记者招待会上，竟然胸有成竹地回答了关于美国从古巴进口 1200 万美元糖的问题，而这件事只是在此之前四天有关部门一份报告的末尾部分才第一次提到过。

身为总统，肯尼迪事无巨细的做事风格非但没有被美国人指责，反倒更加丰满了自己的形象。

同肯尼迪相比，美国的许多位总统似乎都不逊色。其中，富兰克林·罗斯福总统是凭借惊人的记忆力来记住诸多细枝末节的。第二次世界大战中，有一条船在苏格兰附近突然沉没，沉没的原因是鱼雷袭击还是触礁，一直没有结论。罗斯福则认为触礁的可能性更大，为了支持这种立论，他滔滔不绝地背诵出当地海岸涨潮的具体高度以及礁石在水下的确切深度和位置。这一招令许多人暗中折服。罗斯福更拿手的绝活是进行这样一种表演：他叫客人在一张只有符号标志而没有

好习惯是这样养成的

说明文字的美国地图上随意画一条线，他都能够按顺序说出这条线上有哪几个县。

林顿·约翰逊总统也曾在细枝末节上做过出色的表演。有一次，约翰逊刚刚在国会参众两院联席会议上致完词，一位参议员走上去向他表示祝贺。约翰逊说："对，大家鼓了80次掌。"这位参议员立刻跑去核对会议记录，竟然查实总统丝毫没有说错。显然，约翰逊在讲演的同时，必定在仔细数着会场上鼓掌的次数。

关注细节，不仅能够提高我们分析问题、解决问题的能力，还能够拉近我们和别人的距离，密切彼此的关系，因此，我们要养成关注细节的习惯，在生活中我们要学会关注细节。生活中的每一个细节，我们都可以利用它，使我们的人生变得更加辉煌。

知识链接

约翰·肯尼迪

约翰·肯尼迪（1917—1963），出生于美国马萨诸塞州布鲁克莱恩，毕业于哈佛大学，信仰罗马天主教。美国第35任总统，美国著名的肯尼迪家族成员。他的执政时间从1961年1月20日开始到1963年11月22日在达拉斯遇刺身亡为止。美国历史上迄今唯一信奉罗马天主教的总统和唯一获得普利策奖的总统。

4. 细节改变命运

查尔斯·狄更斯在他的作品《一年到头》中写道："有人曾经被问到这样一个问题：'什么是天才？'他回答说：'天才就是注意细节的人。'"

多读一些名人传记，你就会惊奇地发现，名人之所以成为名人，其实没有什么特别的原因，竟然只是比普通人多注重一些细节问题而已。东汉的薛勤曾说："一屋不扫，何以扫天下？"令人深思。在许多平凡琐碎的生活中，往往都含着

第九章
培养孩子关注细节的习惯

一些酵质，假使酵质膨胀了，就会使生活发生剧烈的变化，从而影响一个人一生的命运。

一个青年来到城市打工，不久因为工作勤奋，老板将一个小公司交给他打点。他将这个小公司管理得井井有条，业绩直线上升。有一个外商听说之后，想同他洽谈一个合作项目。当谈判结束后，他邀这位也是黑眼睛黄皮肤的外商共进晚餐。晚餐很简单，几个盘子都吃得干干净净，只剩下两只小笼包。他对服务小姐说，请把这两只包子装进食品袋里，我带走。外商当即站起来表示明天就同他签合同。

一个相貌平平的女孩，在一所极普通的中专学校读书，成绩也很一般。她得知妈妈患了不治之症后，想减轻一点家里的负担，希望利用暑假这两个月的时间挣一点钱。她到一家公司去应聘，韩国经理看了她的履历，没有表情地拒绝了。女孩收回自己的材料，用手掌撑了一下椅子站起来，觉得手被扎了一下，看了看手掌，上面沁出了一颗红红的小血珠，原来椅子上有一只钉子露出了头。她见桌子上有一条石镇纸，于是拿来用它将钉子敲平，然后转身离去。可是几分钟后，韩国经理却派人将她追了回来，她被聘用了。

那些对自己的本性毫无认识、永远不屑于做细微之事的人，永远成就不了任何伟大的功业。

知识链接

狄更斯

查尔斯·狄更斯（1812—1870），全名查尔斯·约翰·赫法姆·狄更斯，英国作家。主要作品有《大卫·科波菲尔》《匹克威克外传》《雾都孤儿》《老古玩店》《艰难时世》《我们共同的朋友》《双城记》等。

狄更斯1812年2月7日生于朴次茅斯市郊，1837年完成了第一部长篇小说《匹克威克外传》，是第一部现实主义小说。后来创作才能日渐成熟，先后出版了《雾都孤儿》（1838）、《老古玩店》（1841）、《董贝父子》（1848）、《大卫·科波菲尔》（1850）、《艰难时代》（1854）、《双城记》（1859）《远大前程》（1861）等，1870年6月9日卒于罗切斯特附近的盖茨山庄。

好习惯是这样养成的

5. 卓越源自细节

什么叫卓越？比优秀更好就是卓越。这个世界上没有十全十美的东西，但无论做人还是做事，我们都应该尽可能做到最好，尽可能追求完美。

我们追求卓越的过程，很大程度上就是不断追求细节的完善直到完美的过程。任何卓越的表现，不管它是来自企业、团队还是来自个人，都是可以追溯、可以探究的非常实在的东西，它必定是建立在可圈可点的有限细节的坚实基础之上，由于各方面出色的细节综合才表现出领先他人的卓越特征。同样道理，任何团队或个人的失败，都可以从事物发展的蛛丝马迹中寻找到失败的根源。追求卓越，一定要源于细节，又必须要归于细节。

须知，没有质量保证的工作往往是无效的工作，而且数量越大危害越大。骄躁者最容易犯的错误是"眼高手低"，他们把自己定位得很高，自命不凡，可是，让他们去做每一件事情都难以令人放心。有道是"骄兵必败"，一个优秀的人不见得就能做出优秀的事情，一个平凡的人通过点点滴滴的努力，坚持不懈地做好每一个细节，反而更能成就不平凡的事情。

做好"小事"是需要高度的责任心、敬业精神和严谨求实的态度的，它要求必须付出数倍于别人的努力，并且胆大心细，才有可能取得超越他人的成绩。

海尔总裁张瑞敏有一句话说得非常好："什么叫不

简单？能够每天把简单的事情做好就是不简单。什么叫不容易？能够非常认真地把大家公认为容易的事情做好就是不容易。做好细节才能成就卓越。"

卓越并非高不可攀，也非遥不可及。每一个人只要认真地从自己做起，从日常每一件小事做起，就可以达到卓越。

不过，如今无论是企业界还是其他行业，确实存在着为数不少的人，他们或坚持"三不主义"，即不迟到、不休息、不工作；或冷眼相向，我行我素，天天无发展，月月无进步，年年无提高；或夸夸其谈，云天雾地，海阔天空，就是不落到实处，不接触实际，务虚不务实；或揽功推过，避难趋易，拈轻怕重；或好作表面文章，不打坚实基础；或好高骛远，大事做不了，小事不屑做；或朝秦暮楚，心猿意马，这山望着那山高；或三分钟热度，虎头蛇尾，浅尝辄止，不把事情做到位，不将工作进行到底，善始而不能善终；或只想做官，不想做事，终日蝇营狗苟，投机钻营；或不在前、不在后，就在中间随大溜……凡此种种，不一而足。这些人非但自己不愿实现卓越，还打击别人的斗志，阻碍别人追求卓越。因此，这必须引起我们的警觉，并设法帮助他们改进。

"合抱之木，生于毫末；九成之台，起于垒土；千里之行，始于足下。"无论是总经理，还是一名库管员；无论是操作工，还是一名工程师；无论是业务员，还是一名会计师；无论是一名主管，还是一名锅炉工、司机、保洁员、采购员、办公室一般工作人员等，要是每个人每一天都能把每一件平常的事做到不平常的好，何愁我们不能卓越呢？

6. 平凡成就大业

为了一根铁钉而输掉一场战争，这正是疏忽了小事的恶果。认真观察你就会发现，那些成功者及伟人都是注意细节的人。注意细节，方可成就大业。

克里米亚战争造成了巨大的人员伤亡和财产损失。欧洲的四大强国英国、法

好习惯是这样养成的

国、土耳其和俄国都被牵连了进来，而战争最初却是因一把钥匙而起。

一个小小的细节，一件再小不过的事情，往往就蕴含着巨大的危机，成为决定人一生成败的因素。而那些真正伟大的人物非常清楚这个道理，他们从来都不蔑视日常生活中的各种小事情。即使常人认为很卑贱的事情，他们也都满腔热情地去干。

很多时候，小事不一定就真的小，大事不一定就真的大，关键在于做事者的认知能力。那些一心想做大事的人，常常对小事嗤之以鼻，不屑一顾。其实连小事都做不好的人，大事是很难成功的。

有位智者曾说过这样一段话："不会做小事的人，很难相信他会做成什么大事。做大事的成就感和自信心是由小事的成就感累积起来的。可惜的是，我们平时往往忽视了它，让那些小事擦肩而过。"

勿以善小而不为，勿以恶小而为之。小事正可于细微处见精神。有做小事的精神，就能产生做大事的气魄。不要小看做小事，不要讨厌做小事。只要有益于工作，有益于事业，人人都应从小事做起，用小事堆砌起来的事业大厦才是坚固的，用小事堆砌起来的工作长城才是牢靠的。

那种大事干不了、小事又不愿干的心理是要不得的。小到个人，大到一个公司、企业，它们的成功发展，正是来源于平凡工作的积累。公司需要的是能够在平凡中成长的人，所以能够认真对待每一件事，能够把平凡工作做得很好的人，才是能够发挥实力的人。因此不要看轻任何一项工作，没有人可以一步登天，当你认真对待每一件事，你会发现自己的人生之路越来越广，成功的机遇也会接踵而来。

有位女大学生，毕业后到一家公司上班，只被安排做一些非常琐碎而单调的工作，比如早上打扫卫生，中午预订盒饭。一段时间后，女大学生便辞职不干了。她认为，她不应该蜷缩在"厨房"里，而应该上"厅堂"。

可是一个普通的职员，即使有很好的见解，想被重用，也要受一段时间的煎熬，最重要的是要努力做出能让别人倾听到自己意见的成绩，在别人眼里，你才能举足轻重，不被人忽视。

曾有一位人事部经理感叹道："每次招聘员工，总会碰到这样的情形：大学生与大专生、中专生相比，我们也认为大学生的素质一般比后者高。可是，有的

第九章
培养孩子关注细节的习惯

大学生自诩为天之骄子,到了公司就想当主角,挑大梁,强调待遇。真正找件具体工作让他独立完成,却往往拖泥带水,漏洞百出。本事不大,心却不小,还瞧不起别人。大事做不来,安排他做小事,他又觉得委屈,埋怨你埋没了他这个人才,不肯放下架子干。我们招人是来做事的,做不成事,光要那大学生的牌子干吗?所以有时候,大学生、大专生、中专生相比之下,大专生、中专生反而更实际,更有用。"

现在,很多企业急需人才,而有的大学生却被拒之于门外,不受欢迎,不被接纳,对此现象,该人事部经理算是道出了其中缘由。

真正的伟大在于平凡,真正的崇高在于普通,最平凡、最普通却又最伟大、最崇高。从普通中显示特殊,从平凡中显示伟大,这才是为人处世之道。

小事,一般人都不愿意做,成功者与碌碌无为者最大的区别,就是他愿意做别人不愿意做的事情。一般人都不愿意付出这样的努力,可是成功者愿意,因此他获得了成功。

别人不愿意端茶倒水,你更要端出水平;别人不愿意洗刷马桶,你更要刷得明亮;别人不愿意操练,你更要加强自我操练;别人不愿意做准备,你更要多做准备;别人不愿意付出,你更要多付出。无论大事小事,关键在于你的选择,只要选择对了,你的小事也就成了大事。

在我们的印象中,擦鞋绝对是一个难登大雅之堂的职业,如果有人以此为终身事业,那他一定不会有多大的出息。实际上呢?我们却想错了,一个名叫源太郎的日本人,就是凭借擦鞋,从而成就了自己辉煌的人生。

多年前,身为化工厂工人的源太郎失业了。一个偶然的机会,他从一位美国军官那里学会了擦鞋,并很快就迷上了这项工作,只要听说哪里有好的擦鞋匠,他就千方百计

135

好习惯是这样养成的

地赶去请教、虚心学习。日子一天天地过去了，源太郎的技艺越来越精湛。他的擦鞋方法别具一格：不用鞋刷，而用木棉布绕在右手食指和中指上代替，鞋油也自行调制。那些早已失去光泽的旧皮鞋，经他匠心独运的一番擦拭，无不焕然一新，光可鉴人，而且光泽持久，可保持一周以上。更绝的是，凭着高深的职业素养，源太郎与人擦肩而过时，便能知道对方穿何种鞋；从鞋的磨损部位和程度，他可以说出这人的健康和生活习惯。他的精湛技艺，打动了东京一家名叫"凯比特东急"的四星级饭店，他们将源太郎请到饭店，为饭店的顾客擦鞋。

令人惊讶的是，自从源太郎来到"凯比特东急"之后，演艺界的各路明星一到东京便非"凯比特东急"不住。一向苛刻挑剔的明星们对此地情有独钟的原因非常简单，就是享受一下该店擦鞋的"五星级服务"。当他们穿着焕然一新的皮鞋翩然而去时，他们的心里深深地记下了源太郎的名字。

源太郎炉火纯青的技术、一丝不苟的精神和非同凡响的擦鞋效果，为他赢得了众多顾客的青睐。他的老主顾不只来自东京、京都、北海道，甚至还有香港、新加坡等地。在他简朴的工作室内，堆满了发往各地的速寄纸箱。如今的源太郎，早已成为"凯比特东急"的一块金字招牌。

源太郎的努力，为他自己创造出一份辉煌的业绩。事实上，只要我们用心去做，哪一件小事不能成就大业呢？

世界上行业千千万万，哪一行做好了都能赚钱。每天都有企业倒闭、破产，每天同样也有新的企业诞生。经营任何一种行业的商人，应经营自己熟悉的主业，把它研究深、透，方能成为该行业的老大。

作为一个成熟的商人，要学会放弃，那些自己不熟悉的行业，千万不要轻意进入。别人在赚钱，不要眼红心动，否则，今天的投资，很可能意味着明天的垮台！

商人们，千万不要有了点钱，就认为什么生意都可做，什么行业的钱都想赚！

很多人都梦想能拥有一份好工作，这份工作最好是能同时带来财富、名声、地位，为人称羡。但事实上，在激烈的市场竞争中，已经没有哪一种工作是真正的热门行业，无论何种工作，都无法提供完全的保障。那么如何以不变应万变，取得一份较为实际同时又富含理想色彩的工作呢？以下建议，不妨一试：

（1）放长线钓大鱼。

求职就业，不必总是盯着"热门"。过去是三百六十行，现在的行当更多，但没有一种是永远的热门职业。而且随着社会的变迁，旧的行业在不断消失，新的行业又不断产生。近十年来，就业市场中冒出不少新兴行业，像投资顾问、房产经纪人、自由工作者等等，都吸引了大批就业人口。一种新兴的职业之所以能在就业市场中独领风骚，是与社会经济发展和人们就业观念的转变息息相关的。一开始，它也许并不是热门，只是追求的人多了，才成了时尚。如果这时想介入该行业，就应当充分考虑自己的兴趣、能力、自己的就业磨合期以及这一职业的未来前景。

其实，如今整个社会对于"职业贵贱"的观念愈来愈淡，那些过去被人视为"下等人"干的工作，现在反而更能锻炼人的本领，发挥出个人的潜力。西方国家的许多大学毕业生，一开始没有多少是按专业对口工作的，很多人是从推销员、收银员乃至在餐厅打工起步，然后一步步走上新的岗位。比起"抢短线"的激进行为，在择业中搞"长线投资"似乎更为理智、更具个性。

（2）以智能求生存。

时代在变，社会在变，我们正在从事的工作也在不断变化，如何让自己成为就业市场的"常胜将军"呢？需要的是不断"充电"。除了本行业工作，还应当熟知一些专业以外的事务。不仅要成为专门人才，还要把自己塑造成一个适合时代发展的复合型人才。这样，才能适应就业市场的需求。

（3）个人主导生活。

为了求得一份收入丰厚的工作，有不少人放弃了个人的兴趣追求。工作时往往超负荷运转，个人空间极小。从社会对劳动力的不同需求来看，这种选择无可厚非，但这往往并不是人们心目中最理想的选择。赚钱当然是必要的，但人们除了工作之外，对其他事物也有追求，如自由的时间、良好的健康、满意的人际关系和幸福的家庭等等。因此，一份相对自由的、能充分发挥个人聪明才智的工作将越来越成为人们的首选择业目标。这样，人们就可能拥有更多灵活的时间，弹性安排自己的生活。这样的工作才是个性化的理想的工作。

每一件别人不愿意做的小事，你都愿意多做一点，你的成功率一定能不断提高。

有这样一位年轻人，他总是被公司当作替补职员，哪儿缺人手就被调到哪儿，自己的能力无法正常发挥。这位先生沮丧地向他的同学，现在已是一家公司的人

好习惯是这样养成的

力资源部经理诉苦道："这样值得继续干下去吗？我觉得自己的专长无法发挥出来。"昔日同学很认真地告诉他："你经常被调到不同岗位磨炼，是辛苦的。但只要你努力肯学，应该也能胜任，否则你的公司不会做这样的调度。现在，你在工作中的表现第一是努力，第二是努力，第三还是努力，那么过不了多久，公司员工之中磨炼最多的是你，能为公司贡献才智最多的也是你。你应该有这种认识。"最后，同学又口授他一条成功秘诀："肯干就会成功。患得患失，拈轻怕重，就会失去成长的机会。受苦是成功与快乐的必经历程。"这位先生干下去了，他干得很起劲，一年后，他终于成为公司中最耀眼的新星。

史蒂芬是哈佛大学机械制造业的高材生。他毕业后的梦想就是进入20世纪80年代美国最为著名的维斯卡亚重型机械制造公司。然而他和许多人的命运一样，在该公司每年一次的用人测试会上被拒绝申请，其实这时的用人测试会已经徒有虚名了。史蒂芬并没有死心，他发誓一定要进入维斯卡亚重型机械制造公司。于是，他采取了一个特殊的策略——假装自己一无所长。他先找到公司人事部，提出为该公司无偿提供劳动力，请求公司分派给他任何工作，他都不计任何报酬来完成。公司起初觉得这简直不可思议，但考虑到不用任何花费，也用不着操心，于是便分派他去打扫车间里的废铁屑。

一年来，史蒂芬勤勤恳恳地重复着这种简单但是劳累的工作。为了糊口，下班后他还要去酒吧打工。这样，虽然得到老板及工人们的好感，但是仍然没有一个人提到录用他的问题。

20世纪90年代初，公司的许多订单纷纷被退回，理由均是产品质量问题，为此公司蒙受巨大的损失。公司董事会为了挽救局势，紧急召开会议商议对策。当会议进行一大半却未见眉目时，史蒂芬闯入会议室，提出要直接见总经理。

在会上，史蒂芬对这一问题出现的原因做了令人信服的解释，并且就工程技术上的问题提出了自己的看法，随后拿出了自己对产品的改造设计图。这个设计非常先进，恰到好处地保留了原来机械的优点，同时克服了已出现的弊病。

　　总经理及董事会的董事见到这个编外清扫工如此精明在行，便询问他的背景以及现状。史蒂芬当即被聘为公司负责生产技术问题的副总经理。原来，史蒂芬在做清扫工时，利用清扫工可以到处走的特点，细心察看了整个公司各部门的生产情况，一一作了详细记录，发现了所存在的技术性问题并想出解决的办法。为此，他花了近一年时间搞设计，获得了大量的统计数据，为最后一展雄姿奠定了基础。

　　只有心存远大志向，才可能成为杰出人物。要想成功，心高气盛远远不够，还需要从小事做起。如果一直不被人重视，不妨降低一下自己的目标，从最基层的事做起，终有一天会拥抱成功。

知识链接

克里米亚战争

　　克里米亚战争，又名克里木战争、东方战争、第九次俄土战争。起源于1853年10月20日因争夺巴尔干半岛的控制权而在欧洲大陆爆发的一场战争，奥斯曼帝国、英国、法国、撒丁王国等先后向俄罗斯帝国宣战。战争一直持续到1856年才结束，以俄国的失败而告终，从而引发了沙皇俄国国内的革命斗争。

7. 做好眼前的每一件事

　　我们身边有太多的人总不屑于小事和细节，太相信"天生我才必有用，千金散尽还复来"，总是盲目地认为"天将降大任于斯人也"。殊不知，能把自己所在岗位的每一件事做成功就很不简单了。不要以为美国总统比村民组长好当，有其职就有其责，有其责就有其忧。如果力有所不及，才有所不到，必然祸及自身，

好习惯是这样养成的

导致混乱，所以，重要的是做好眼前的每一件事。

能一心一意地做事，世间就没有做不好的事。这里所讲的事，有大事，也有小事，所谓大事小事，只是相对而言。

美国有一位图书馆馆长，每天早上8点总是亲自为图书馆开门，然后对第一批踏进图书馆大门的读者致意，再巡视一番后，才去自己的办公室。有人告诉馆长不必做这些小事，而他却极认真地回答："我来开门，是因为这是我一天做的事里唯一能对图书馆真正有用的。"

一个打毛衣的女人是美丽的，一个劈柴的男人是帅气的，一只正下蛋的母鸡是动人的，一只采蜜的蜂儿是美好的。人生价值真正的伟大在于平凡，真正的崇高在于普通，从普通中显示特殊，从平凡中显示伟大，这才是做人做事之道。

只要每一件别人不愿意做的小事，你都愿意多做一点，你的成功率一定会提高不少。

因此，做事不可以被大小限制，被时间限制，被空间限制。人生三立，曰立德、立功、立言。因而，需要具有超越自我、超越时空的观念，跳出大小的圈子。不因小而损害大，不因少而损害多，抛弃大小的竞争，抛弃高低的念头，抛弃富贵的欲望，而一心一意从小事做起，就是洗厕所、扫大街，也会比别人打扫得更干净。成功最普通而又最特殊，最平凡而又最高尚，最渺小而又最伟大。

越是那种埋怨自己工作价值渺小的人，真正给他们一份困难的工作时，他们却是退缩而不敢接受。具有十成力量的人，去做仅仅需要一成力量的工作，其中有生命的意义和悠闲的心情。在长远的人生中，这种生命的意义和悠闲的心情对于人格的形成与扩展，有决定性的帮助。

许多白手起家而事业有成的人，在小学徒或小职员的时代就能以最大的热忱和耐心去面对上司给予他们的小工作，这是非常普遍的事实。我们不可能用数量来衡量工作的大小，"大在小之中"而不是"小在大之中"，所有的成功者都是在小事中寻找出大课题。

第十章 培养孩子独立自主的习惯

好习惯 是这样养成的

1. 人，要靠自己活着

　　人，要靠自己活着，而且必须靠自己活着，在人生的不同阶段，尽力达到理应达到的自立水平，拥有与之相适应的自立精神。这是当代人立足社会的基础，也是形成自身"生存支援系统"的基石，因为缺乏独立自主个性和自立能力的人，连自己都管不了，还能谈发展、谈成功吗？即使家庭环境所提供的"先赋地位"是处于天堂之乡，也必得先降到凡尘大地，从头做起，以平生之力练就自立自行的能力。因为不管怎样，人终将独自步入社会，参与竞争，会遭遇到比学习生活要复杂得多的生存环境，随时都可能出现或面对无法预料的难题与处境。不可能随时动用自己的"生存支援系统"，而必须得靠顽强的自立精神克服困难，坚持前进！

　　待在家里、总是得到父母帮助的孩子一般都没有太大的出息，就是这个道理。而一旦当他们不得不依靠自己，不得不动手去做，或是在蒙受了失败之辱时，他们通常就能在很短的时间内发挥出惊人的能力来。

　　抛开拐杖，自立自强，这是所有成功者的做法。其实，当一个人感到所有外部的帮助都已被切断之后，他就会尽最大的努力，以坚韧不拔的毅力去奋斗。而结果，他会发现：自己可以主宰自己命运的沉浮！

　　被迫完全依靠自己、绝没有任何外部援助的处境是最有意义的，它能激发出一个人身上最重要的东西，让人全力以赴。就像一场火灾或别的什么灾难，这种十万火急的关头，会激发出当事人做梦都没想到过的一股力量。危急关头，不知从哪儿来的力量为他解了围。他觉得自己成了个巨人，他完成了危机出现之前根本无力做成的事情。当他的生命危在旦夕，当他被困在出了事故、随时都会着火的车子里，当他乘坐的船即将沉没时，他必须当机立断，采取措施，渡过难关，脱离险境。

一旦人不再需要别人的援助，自强自立起来，他就踏上了成功之路。一旦人抛弃所有外来的帮助，他就会发挥出过去从未意识到的力量。如果我们决定依靠自己，独立自主，就会变得日益坚强，距离成功也就越来越近。

2. 做人要自强自立

自强自立是中华民族生生不息的精神源泉，历来中国人都非常强调和崇尚自强自立的精神。自立是指只靠自己的能力行动和生活，不论碰到什么问题，要自己动脑筋思考，要用自己的力量去克服困难；自强是依靠自己的努力，立足于社会。自强自立是现代社会人所必备的素质，不能自强自立的人，必然被激烈竞争的社会所淘汰。

从理论上讲，每个人都是可以自立的，然而真能充分发展自己自立能力的人却很少。依赖他人，追随他人，按照他人的想法去做事，自然要比自己动脑筋轻松得多。但是若事事有人替我们想，替我们做，必定有碍于我们的事业的成功，也不利于我们的成长。

要使我们的力量和才能获得发展，不能依靠他人，而主要靠自己。一个能够抛弃救助，放弃外援，主要依赖自己努力的人，才能得到真正的胜利。自立是开启成功之门的钥匙。

一个人在依赖他人时，无法感觉到自己是一个"完全的人"，只有可以绝对自立自强时，才可以感觉到自己是一个无缺憾的人，才能感觉到一种光荣和满足。而这种光荣与满足，是别的东西所不能给予的。

当我们放弃求助于他人的念头，变得自立自强，就已经走上了成功的道路。我们能不借外力，自立自强，我们就能发挥出意想不到的力量，我们离成功也就不远了。

奋发自强是我们内心蓄积着的庞大力量，这种力量可以帮助我们渡过很多难

好习惯是这样养成的

关,可以带领我们向前迈步,义无反顾地只想做得更好。

当我们觉得际遇不如人,孤立无援的时候,奋发自强的心便是我们的最好支柱,因为这颗心能令我们无论在什么恶劣的环境中也誓不低头,努力发挥最大潜能。有了这颗心,我们便坚如磐石,经得起人生中的大风大浪!

做一个自强自立的人,无疑就是说做一个敢于坚持自己的权益和见解的人,在正确的事、物面前不受任何主观因素的影响。要知道,只有敢于坚持自己的理想信念,才能在当今竞争激烈的环境中得以生存,乃至于达到我们人生所需的最高境界。

每个人都有渴望成功和维护自己权益不受别人侵害的能力。一个人要想摆脱困境不受别人支配,就要敢于坚持自己的权益和见解,同时在我们认为已占上风之时切忌把自信变为自大。这就好比锐利的刀刃虽然好割切,但容易缺损;锋芒的言辞虽然善辩论,但容易丧气。故此,作为一个有能力的优秀人才,必须具有良好的道德修养,反之,我们就是个骄傲自大、盲目自负的人。

3. 自立者,天助也

"自立者,天助也",这是一条屡试不爽的格言,它早已被漫长的人类历史进程中无数人的经验所证实。自立的精神是个人真正发展与进步的动力和根源,它体现在众多的生活领域,也成为国家兴旺强大的真正源泉。从效果上看,外在帮助只会使受助者走向衰弱，而自强自立则使自救者兴旺发达。

　　自助和受助这两个事物，虽然看起来是相互矛盾的，然而它们只有相互结合才是最好的——高尚的依赖和自立，高尚的受助和自助。

　　自力更生和自己战胜自己将教会一个人从自身力量的源泉中吸取动力，从自己的力量中品尝到甜蜜的味道，学会辛勤地劳动以供养自己。

　　自立的精神，是一个民族力量的真正源泉。

　　最穷苦的人也有登及顶峰的时候，在他们走向成功的道路上不断证明没有根本不可战胜的困难。

　　成功的大门时刻为那些肯吃苦耐劳的人敞开着。

4. 自强自立的人才能成功

　　从古至今，绝大多数的富翁对于财富的处理，一般是全部留给子孙。但是在美国的富翁中，近年来却有一种新的风尚在流行，就是不要留太多的财产给子孙后代，以免他们不思进取，成了"扶不起的阿斗"。这种风尚的实践者有微软创办人比尔·盖茨、投资家华伦·巴菲特等举世闻名的大富翁。

　　现代富翁之所以有这样的观念，可能缘自罗斯柴尔德留下的教训。罗斯柴尔德是比巴比特老一辈的富翁，他把所有的财产都留给了儿子拉斐尔。但拉斐尔在继承遗产两年后被人发现死于纽约一处人行道上，死因是吸食海洛因过度，年仅23岁。

　　美国卡耐基基金会就曾做过一项调查，在继承15万美元以上财产的子女中，有20%的人放弃了工作，整天沉溺于吃喝玩乐，直到倾家荡产；有的则一生孤独，出现精神问题，或是做出违法乱纪的事来。

　　的确，人生于天地之间，自立自强才是人生最重要的课题。一代大教育家陶行知老先生有一首诗写得好："滴自己的血，流自己的汗，自己的事情自己干，

好习惯是这样养成的

靠天靠地靠老子,不算是好汉。"人生最可依赖的是什么?是知识、是智慧、是汗水。人常说:"靠人种地满地草,靠人盛饭一碗汤。"父母都不可能依靠一生一世,何况他人?因此,这个世界上最可靠的不是别人,而是自己。

自强与自立是任何一个人成才所必须具备的条件与素质。生活在社会中的人们,不仅要学会生存,更重要的是要学会自强,在自强中立于不败之地。所以,做父母的应该让孩子多磨砺、多吃苦,跌倒了、摔跤了也不要紧,学走路的孩子总是要摔几跤的,最怕的是父母因为生怕孩子跌倒,而总是抱着孩子。抱大的孩子连路都走不好,哪还谈得上自强自立和成才呢?广大青少年朋友和家长都必须意识到:

(1)父母不能护终生

普天之下,大凡做父母的,都疼爱自己的孩子,但疼爱的方式却大不一样。有的人以为,给孩子吃好、穿好,死后还有大笔财产留给他们,这就是爱。而有的人则恰恰相反,从小让孩子吃苦受累,也不留什么遗产给他们,让他们自己去创立家业。在这一点上,著名爱国华侨陈嘉庚先生堪称我们的表率。

(2)包办代替不是爱

不知从何时开始,中国的父母为子女代劳的现象举目皆是。陪读的父母,每天辛苦接送子女的父母,代子女做卫生、帮子女做作业的父母,乃至祖父母、外祖父母,他们整天为"小太阳"忙得不亦乐乎。儿女们复习功课、做家庭作业、课外实践、参加学科竞赛等,哪一项不是在家长的陪同下完成的?家长对儿女的教育可以说是"一千个用心,一万个在意",却很少有人注意教育孩子应具有独立、自立的能力。在巨大的家庭温室里,孩子们弱不禁风,依赖性越来越强。

所以爱孩子,就应该给孩子一对坚强有力的翅膀,使他能在蓝天里飞翔。孩子的可塑性很强,在父母的羽翼下长大,虽然温馨舒适,但永远是温室中的花朵;如果能让孩子从小经风雨见世面,培养自强自立的意志品格,小树苗就一定能长成参天大树,相信家长们一定会有正确的判断和选择。

(3)现代社会需要自强自立的青年

自立是指只靠自己的能力行动和生活。不论碰到什么问题,要自己动脑筋思考,要用自己的力量去克服困难,依靠自己的努力立足于社会。

自强自立就是要让孩子学会扬长避短,家长则应善于发现孩子的特长,让每个孩子都看到自己是有用之才。三百六十行,行行出状元,只要有理想、有志气,努力学习,刻苦锻炼,自强自立,孩子一定能够成为人才。

5. 做自己命运的主宰

生命当自主,一个永远受制于人、被人或物"奴役"的人,享受不到创造之果的甘甜。人的发现和创造,需要一种坦然的、平静的、自由自在的心理状态。自主是创新的激素和催化剂。人生的悲哀,莫过于别人替自己选择,结果成为被别人操纵的机器,从而失去自我。

我们要做自己命运的主宰。心理学家布伯曾用一则犹太牧师的故事阐述一个观点:凡失败者,皆不知自己为何;凡成功者,皆能非常清晰地认识自己。失败者是一个无法对情境做出确定反应的人;而成功者,在人们眼中,必是一个确定可靠、值得信任、敏锐而实在的人。

成功者总是自主性极强的人,他们总是自己担负起生命的责任,而绝不会让别人驾驭自己。他们懂得必须坚持原则,同时也要有灵活运转的策略。他们善于

好习惯是这样养成的

把握时机，摸准"气候"，适时适度、有理有节。如有时需要"该出手时就出手"，积极奋进，有时则需稍敛锋芒，缩紧拳头，静观事态；有时需要针锋相对，有时又需要互助友爱；有时需要融入群体，有时又需要潜心独处；有时需要紧张工作，有时又需要放松休闲；有时需要坚决抗衡，有时又需要果断退兵；有时需要陈述己见，有时又需要沉默以对；有时要善握良机，有时又需要静心守候。人生中，有许多既对立又统一的东西，能辩证待之，方能取得人生的主动权。

善于驾驭自我命运的人，是最幸福的人。在生活道路上，必须善于做出抉择：不要总是让别人推着走，不要总是听凭他人摆布，而要勇于驾驭自己的命运，调控自己的情感，做自我的主宰，做命运的主人。

要驾驭命运，从近处说，要自主地选择学校、选择书本、选择朋友、选择服饰；从远处看，则要不被种种因素制约，自主地择定自己的事业、爱情和崇高的精神追求。

一切成功，一切成就，完全取决于自己。

应该掌握前进的方向，把握住目标，让目标似灯塔在远处闪光；得独立思考，独抒己见；得有自己的主见，懂得自己解决自己的问题；不应相信有什么救世主，不该信奉什么神仙和上帝，你的品格、你的作为就是你自己的产物。

的确，人若失去自己，则是天下最大的不幸；而失去自主，则是人生最大的

陷阱。赤橙黄绿青蓝紫，每个人应该有自己的一方天地和特有的色彩。相信自己创造自己，永远比证明自己重要得多。每个人无疑要在骚动的、多变的世界面前，打出"自己的牌"，勇敢地亮出自己。该像星星、闪电，像出巢的飞鸟，果断地、毫不顾忌地向世人宣告并展示你的能力，你的风采，你的气度，你的才智。

　　自主之人，能傲立于世，能开拓自己的天地，得到他人的认同。勇于驾驭自己的命运，学会控制自己，规范自己的情感，善于分配好自己的精力，自主地对待求学、就业、择友，这是成功的要义。要克服依赖性，不要总是任人摆布自己的命运，让别人推着前行。

6. 无人依赖正是自立的好机会

　　"让你依赖，让你靠"，犹如伊甸园的蛇，总在你准备赤膊努力一番时，引诱你。它会对你说："不用了，你根本不需要。看看，这么多的金钱，这么多好玩、好吃的东西，你享受都来不及呢！"这些话，足以抹杀你意欲前进的雄心和

好习惯是这样养成的

勇气，阻止你利用自身的资本去换取成功的快乐，让你日复一日地原地踏步，死水一般停滞不前，以至于你到垂暮之年，终日为一生无为而悔恨不已。

殊不知，这种错误的依赖心理，还会剥夺你本身具有的独立的权利，使你依赖成性，靠拐杖行走而不想自己走；有依赖，就不再想独立，结果给自己的未来挖下失败的陷阱。

为什么？原因很简单，总依赖他人者，常缺乏成功者必须具有的独立性。事实也证明，独立性远胜于实力、资本以及亲友的扶助，具有不可估计的力量，它能使人有信心、有力量克服重重困难，成就一番事业。

记得有位作家说过这样一段话："不要以为富家子弟得到了好的命运。大多数的纨绔子弟，自恃有金钱做后盾，不学无术，甘愿做金钱的奴隶，终难成功。另外，不独立的富家子弟，从来不是贫苦孩子的对手。因为贫苦的孩子，通常因贫苦的强烈刺激，具有很强的独立性和自主能力。"

的确如此，一个人一旦有了依赖的想法，自以为样样有人供给，就很难有勤勉努力的精神，更不要说什么独立自主、实现人生价值了。

环顾四周，相信你也不难发现，有许多无亲友扶助、无富足生活的人，获得了重要的地位，拥有了巨额资产，而他们的成功足以使那些家境富裕、关系众多却"默默无闻"的青年自惭形秽。

当然，外界的扶助、有所依靠，有时也是一种幸福。毕竟依赖他人，靠着家人来生活，跟随他人、靠着人家来策划，比自己动手动脑去谋生、策划来得轻松。不可否认的是，"依赖心理"带给人们的弊远大于利。

有俗语说："一生依赖他人的人，只能算半个人。"真可谓是一针见血的评论！

不难想象"半个人"，无论从智力还是体力上，都是敌不过"全人"的。

有一个人，遇上了难事，就去庙里求菩萨。她跪拜在菩萨像面前，忽然发现旁边跪着一个人，非常眼熟，正是菩萨。她不禁问："您这是……"菩萨笑着说："我这是自己求自己啊。"

求人不如求己。如果你不想失败，不想做他人耻笑的"半个人"，就打消你心中"依赖他人生存"的念头吧，给自己找个职业，让自己独立起来。只有这样，你才会真正地体会到自身价值，才会感到无比幸福。如果你不丢弃这种可怜的想法，即使你怀有雄心和自信力，也未必会发挥出所有的能力，获得更

大的成功。

所以说，供给你金钱、让你依靠的人，并不是你的好朋友。唯有鼓励你独立的人，才是你真正的好朋友。

7. 如何摆脱依赖心理

人们相互间的依赖关系，我们可以粗分为物质上的依赖和精神上的依赖。在日常生活中，最为常见的是物质上的依赖，多体现在家庭成员间。精神上的依赖则较难发现，多是依赖荣誉、地位、奖赏、羡慕等；也有的是依赖爱情、某种价值等。这些依赖过分强烈，就会影响一个人的成长、成熟，妨碍一个人的心理健康。

有些人并不是不知道自己的依赖性，也为此而苦恼，他们也羡慕独立的人。独立自主者一般都不过分屈从于周围的压力，也不受偶然因素的影响而违心行事，多是有自己的、在一定情况下的行事观念，并以此出发规定自己的行为举止。在成长过程中其自身的发展更多地依赖于自身的能力和潜力，而不是依赖社会、自然与人际环境。这才是一种健康、成熟的心理体现与行为表现。

要改变过分依赖别人的不健康的习惯和心理，可参考如下建议：

（1）承认依赖症

有些人有了对别人依赖过强的心理，这就是患上了依赖症。

患上依赖症后，会很难把握自己，不知道正常状态应该是怎样的。

"不管怎样，这件事都要先做。"在我们的生活里，就有这样的一件事。这件事会对身体或者经济带来不良影响；自己已经发现了它的坏影响，可就是没法放弃，总是重蹈覆辙。如此这般，我们就已经在依赖症的边缘了。如果你认识到这一点，就可以找到对症下药的解决办法。

（2）不自责

患上依赖症的人，有时会对自己苛求，希望自己能在拒绝依赖的过程中变得更坚强些，但这种过度的自我控制有时反而会取得适得其反的效果，有时甚至越陷越深。如果有什么事情是自己想去做的，但是实际实践过程中却没能办到，这也没什么关系。不要责怪自己，要学会经常自我表扬。

（3）寻找导致依赖的原因

如果是家庭原因而不是我们自己的懒惰所造成的，那么向家人正式宣布，我们要改变自己的依赖行为，希望他们能够理解并支持我们。我们的家人一定会欣喜我们的改变，他们不会再事事替我们操心，有些事情我们就必须自己去面对。如果是我们的懒惰所造成的，那么我们可要认识到，懒惰将使我们一事无成。现在我们有父母可以依赖，那么以后呢？所以我们必须不怕吃苦，改掉懒惰的恶习。

（4）要充分认识到依赖心理的危害

要纠正平时养成的习惯，提高自己的独立能力，不要什么事情都指望别人，遇到问题要做出属于自己的选择和判断，加强自主性和创造性。学会独立地思考问题，独立的人格要求独立的思维能力。要在生活中树立行动的勇气，恢复自信心。自己能做的事一定要自己做，自己没做过的事要学着做。

（5）寻找他人帮助

一个人闷闷不乐，找不到解决问题的办法的时候，依赖症往往乘虚而入。要是有一个能无话不谈的朋友，困扰自己的问题就能迎刃而解。

第十章
培养孩子独立自主的习惯

要想从依赖症中解脱出来,单靠一个人是不够的,个人的过度努力反而会产生新的压力。有的患者原先依赖症的情况确实有所好转,却又很快陷入了努力过程中产生的新依赖症中。如果向心理医生寻求帮助,医生会从谈话中发现患者本人可能从未察觉的一些情况。寻求帮助的对象是不是心理医生并不重要,重要的是不要只靠自己。

(6)独立自主解决困难

不要一遇到困难就请求别人帮忙,要自己去解决。失败了,作为教训,以后就知道正确的该如何做。独立自主往往是在失败了第一次之后学来的。将经验积攒下来,我们就有了对付生活难题的把握,而不用去依赖别人,也不会产生无助感。

(7)将别人的思想、言行与自我价值截然分开

别人的评价,只能代表别人对事物的看法,并不是真理,神圣不可改变。我们认为可以听的就听,认为可以不听的就不听。

(8)不理睬那些企图支配我们的人

不必要依照别人的感情来确定自己的价值,也不必解释和反驳。因为我们不

可能向这些人解释清楚，相反还会纠缠不清。

（9）学会拒绝

患上依赖症的人往往特别在意别人对自己的评价，有时不得不违反自己的意愿，日久就造成了心理压力。学会拒绝会有所帮助，比如说，别人邀请自己出去玩，实际上并不想去的时候，可以随口敷衍说自己发烧了等等。试试看撒这种无伤大雅的谎，它会帮助我们掌握属于自己的时间。

（10）不迷信权威，不盲目崇拜

迷信权威，盲目崇拜，是缺乏自信的表现，权威也是从非权威开始的。过分迷信权威的评判很容易丧失自信心。

（11）培养忍受孤独的能力

一个人待着，并不等于被别人孤立。学会享受一个人的时光，不依赖别人，也不依赖某种东西或行为。独处的时间能够帮助我们客观正确地认识自己，也是形成自己独立个性所必需的，这是改善依赖症的关键一步。

第十一章 培养孩子竞争的习惯

好习惯是这样养成的

1. 烦恼皆因"不出头"

中国人爱把"含而不露"看做一种美德,一个人的优点、成绩和才能,只能由别人来发现。至于自己,尽管我们已经做出许多成绩,有渊博的知识和惊人的才华,也只能说自己"才疏学浅"。人们喜欢恭顺谦让者,如果有谁锋芒太露,就容易招来非议。因此,"毛遂自荐"的故事,听起来总不如"三顾茅庐"那样入耳;勇于表现自己才华的人,也总不如"谦谦君子"那样受到欢迎。

然而,在今天激烈竞争的时代,一味地做"谦谦君子",却有可能成为一大缺点。竞争就是要"竞"要"争",就是要敢于和别人一比高下。

今天的时代,是快节奏、高效率的时代,需要的是干脆利落、敢断敢行的作风。时间那么宝贵,人们忍受不了那种吞吞吐吐、羞羞答答的"谦逊",不要听那种婆婆妈妈、"弯弯绕"式的"自谦之辞"。行,就来干;不行,就让开。故作姿态的"谦虚",完全没有必要。在现代社会,精明的企业家招聘员工,聪明的领导者挑选下属,并不是首先看一个人怎样言辞周到、谦恭有礼,而是首先看这个人有多少真才实学。我们应当实事求是地宣传自己:有什么长处,有哪些才能,想做什么,能做什么……直来直去,使别人充分了解。这样,反而容易使我们得到机会。

社会变革的加快,加速了知识更新的步伐。在现代社会,人们的才能和精力都受时间的制约。错过了时机,知识就会贬值,精力就会衰退。如果一个人不能在自己的黄金时代抓住机会,大胆地、主动地贡献出自己的聪明才智,而总是"藏而不露",那就会贻误时机。等到有一天别人终于发现我们时,也许早已错过了时机,我们的知识和特长已经成为过时的东西。在知识爆炸的今天,不管我们怎样"学富五车",也只能在短时间内保持优势,能不能在这短短的时间内获得施展的舞台,将成为决定我们成败的关键。

第十一章
培养孩子竞争的习惯

现代社会是人才济济的社会，可供社会选择的人才很多。你既然扭扭捏捏、羞羞答答，表示自己这也不行、那也不行，那么，有谁还愿意放着现成的能人不用，而来花时间考察、了解你呢？而且，既然存在着竞争，对于机会，别人就不会同我们谦让，而会与我们竞争。一旦我们失去被选择的机会，别人就会捷足先登，而我们只好自叹不如了。

现代竞争在很大程度上就是机会的竞争，机会是极其宝贵的。我们一遇到机会，就应当紧紧地抓住它。大画家徐悲鸿是一位伯乐，傅抱石的才能就是他发现的，但发现的缘由却是出于傅抱石的自我推荐。假设傅抱石不趁徐悲鸿途经南昌的机会去拜访他，或因矜持、腼腆、犹豫，见了大师不敢拿出自己的作品，说话吞吞吐吐、含含糊糊，又怎能得到徐悲鸿的赏识和帮助呢？

美国搞总统竞选，每个候选人总要对自己大吹大擂一番，说自己有怎样的宏图大略、怎样的安邦治国之才，等等。那倒确实有个好处，就是使他自己得到充分表现。当然，我们并不提倡自我吹嘘，更不赞成弄虚作假，甚至贬低他人来抬高自己，但也不欣赏那种故作姿态的过分谦虚。我们只有实事求是地、勇敢地、充分地表现自己的胆识和才能，机会才会来光顾我们。

有人把勇于表现自我的胆识与才华同"出风头"联系在一起，这显然是不对的。主动进取，充分显示自己的才能，这不是出风头，而是对自己的尊重以及对社会的负责。有些真知灼见，我们不宣传，别人就不知晓。有些对社会进步具有促进作用的创新见解，我们不宣传，也就无法得到推广。这不仅是个人的损失，也是社会的损失。人们只知道贝尔发明了电话机，殊不知在贝尔以前，早有人发明了这类装置，不过当时人们不理解这种发明的社会意义。

我们的民族曾经大力提倡和推崇过"清心寡欲"，从老子的"无为而治"到庄子的"虚无主义"，从儒教的"重义轻利"到佛教的"四大皆空"，无不要求人们放弃追求和进取的雄心。这些东西结合到一起，构成了"清心寡欲"的深刻而又久远的思想渊源。古人修身养性，常把"清心寡欲"奉为信条之一；怀才不遇的文人骚客，也常以"清心寡欲"来平息心中不平，冲淡心中失意。至于封建社会小农经济制度下的旧式农民，则更要时常用"清心寡欲"来进行可怜的自我安慰和自我麻醉。贫穷把旧式农民的愿望压制到最低的生理限度，愚昧使他们无所求，封建专制更使他们不敢有所求。他们无力同自己的命运抗争，一小块土地便是永恒的乐园。如果风调雨顺，那是上天的恩赐；一旦徭轻赋薄，则更是皇家的仁慈。"清心寡欲"不仅使他们在最低生理限度的生活中，获得一点点可怜的欢乐和慰藉，而且在封建专制统治下，也是他们避免遭祸的一种武器。凡事知足、随遇而安以至逆来顺受，是封建专制时代所要求的道德规范。而一切与之相反的思想、行为，都被视为"大逆不道"，对古圣贤稍有微词，就是"异端邪说"。因此，旧式农民有着十足的胆小怕事心理，一代接一代的长辈们，无不以"清心寡欲""知足常乐"训诫和管教后辈。就这样，统治阶级的大力推崇，文人墨客的渲染称颂，加之平民百姓世代相传的"祖宗遗训"，竟使得"清心寡欲"流传不息，随着历史长河的流逝而深刻地浸透到民族心理素质之中，达到了"刻骨铭心"的程度。

当然，"清心寡欲"未必就是恶习。对于那些贪得无厌、利欲熏心的人来说，"清心寡欲"不失为一服有效的良药。清心寡欲，能使想入非非者现实一些，使贪婪之徒清廉一些，使牢骚满腹、常怀不平的人心情平静一些。对这部分人来说，确实有必要提倡一下"清心寡欲"。但是，对于多数人来说，却很难说"清心寡欲"是一种美德，它的本质是消极的、保守的、没有出息的。"清心寡欲"就意味着放弃追求和进取，意味着停滞、守旧和无所作为。它只有过去，没有未来，只有活着的动机，没有生活的激情。它是希望的泯灭，进取动力的干涸和社会活力的衰竭。如果现代青年都"清心寡欲"，人人无远大志向和追求，那么，我们的民族就将是没有希望的民族。

当今社会的飞速发展，不允许我们"清心寡欲"。今天的世界，技术革命、知识更新、旧传统的破灭、新文明的兴起，正如浪潮般冲击着人们的生活。这是全面创新、奋力进取的时代，生活在这个时代，生命在于进取，使命就是创新，一旦停止追求和进取的步伐，就会被时代抛到后面。因此，我们就是要有进取的雄心、创新的欲望，在不停顿的追求中，把我们的社会主义现代化事业推向前进，并在为社会奋斗的过程中使自己不断提高和完善。

今天的社会是充满竞争的社会，日益激烈的竞争也不允许我们"清心寡欲"。竞争就是实力的较量、进取步伐的较量，它无情地把一切有惰性的人、不思进取的人、无所作为的人抛在后面。竞争使无为者屈辱，无能者恐慌，无所事事者在激烈的竞争中连一天舒心的日子也过不上。如果说，在过去相对静态的社会，烦恼皆因"强出头"，那么在激烈竞争的今天，正好反过来，烦恼皆因"不出头"。落在竞争的后面，我们就不得不品尝失败的滋味，并不可避免地承受着失败所带来的一切心理痛苦。

从心理上说，"清心寡欲"起源于对自身的消极保护。它既是对自己无法达到境界的一种自我解嘲，也是对环境过分妥协的产物。它的本意无非是想通过"清心寡欲"，来减少和避免追求中的烦恼。因而就其本质说，它与其说是自我保护，倒不如说是自我贻害。与之相反，大胆追求、永不知足的精神，则跳出了个人狭隘眼界的远大抱负和历史的、社会的责任感，来自对自身力量的充分信心和敢于掌握自己命运的勇气。不必用"清心寡欲"来为自己竞争中的无能寻求自我安慰，实际上正是这种消极的心理束缚了我们才智的发挥。我们每一个人都是一座力量和智慧的矿山。不管我们现在显得怎样平凡，怎样微不足道，我们都可以是奇迹的创造者。这里的关键，在于我们必须为一个崇高的目标而永不停息地挖掘自己富饶的矿藏。摒弃"清心寡欲"的精神枷锁，养成敢于竞争和善于竞争的习惯吧，光辉前程就在我们的大胆追求之中。

2. 有竞争才会成功

要想创出一番事业，必须有良好的人际关系。要处理好与同事的关系，就必须正确认识竞争，正确对待竞争。

老一辈人担心年轻人不肯踏踏实实地付出劳动时，常常语重心长地告诫他们

好习惯是这样养成的

"只问耕耘，不问收获"，要相信"桃李不言，下自成蹊"；认为只要我们付出了艰辛劳动，这一生就没白活，至于收获，那是不应计较的事，况且上天总是公正的，收获一定属于那些辛勤耕耘的人们。但是，这种无竞争意识、把命运寄托于上天的想法，在当今是行不通的。

上天有时候好像真有偏爱，大家都付出一样的劳动，可结果却有天壤之别。很多人都有这样一个感受：自己的同学、朋友，几年不见，联系上之后多半都是有收获的。这个当官了，那个成了专家。这时候是最刺激人的。一些平时"只问耕耘"的人，回首往事，不由黯然神伤，顿生感慨……

要想成就事业，就必须懂得竞争的艺术。正面的竞争是不容易获得胜利的。即使获胜也要靠一定的经济实力和人际关系等。凡是获胜者，必有一番艰难的拼搏和痛苦的争斗。而成就事业者正是通过这个过程，锻炼了自己的意志，增长了自己的才能，为今后在竞争中获胜奠定了基础。

那么，我们怎样去应付正面的竞争呢？

正面的竞争并不等于老老实实、唯唯诺诺。我们承认老实是一种好的品质，但是单靠这种品质难以在竞争中获胜。

世界知名作家裴斯泰洛齐说："过分老实是愚蠢。"这个道理是适用于这个时代的。要想参与竞争并获得胜利，必须敢争敢抢，敢说敢干。不过，这种争抢是按照规则办事，并非野蛮与用歪点子。要争那些本应属于我们自己的东西，如果一味忍让，逆来顺受，那就什么也得不到。只有主动出击才会有所收获，也就是人们常说的"当仁不让莫低头"。

第十一章
培养孩子竞争的习惯

在日常工作中,要有争先的思想准备。在关键时刻,更不能轻易让步。此时的退让,往往会失去应有的机会与前程。

"只问耕耘,不问收获"是中国知识分子们数千年的特点,意思是只要辛勤耕耘,收获自然就有,不用自己操心。

然而这条宗旨,在今日的事业中似乎再也不合时宜。尤其是在竞争激烈、人才济济的大公司、大单位里,所有的重要职位都是僧多粥少,越是"只问耕耘"的人,就越是没有出头之日,因为隐没在人群中,领导者根本无暇看到。于是,做个沉默者,便只有吃亏和被埋没的份儿了。

在现代社会中,竞争的存在是不可避免也是正常的。每个单位都有晋升、提薪的机会,而在众多的同事中,晋升谁、提谁的薪,就靠个人表现,这便出现了竞争。每个人都有上进之心、好胜之心,竞争本身又有利于促进每个人的成长,有利于个人抱负的实现。对一个集体而言,竞争则有利于提高效率。

但是竞争不是不择手段,竞争应该是正当的。同事之间的竞争,更不应该把对手看成冤家对头,竞争对手强于自己时,要有正确的心态。著名数学家华罗庚说过:"下棋找高手,弄斧到班门。这是我一生的主张。只有在强者面前不怕暴露自己的弱点,才能不断进步。"所以说,同事之间的竞争要以共同提高、互勉共进为目的,自己用积极的竞争心理投入进去。

竞争总要争出个结果,分出个胜负的。就看你能否正确地对待胜与负这两种结果,能不能认清这样一个道理:竞争中每个人都是平等的,有成功者,就有失败者。胜负只说明过去,他胜了,你向他祝贺,并要从中找出自己身上存在的缺陷和不足,以利于今后的发展。同事之间,竞争时是对手,工作中是同事,生活中是朋友。胜者不必得意忘形,输者也不必垂头丧气。

要想做到这一点,就得把名利看得淡一些、轻一些,竞争总有失败者,何必那么在意结果而沮丧呢?又何必为了此名此利而耍阴谋诡计,费尽心机呢?既然没能获得,还可以退而修身长智,下次再争取。

这种又竞争又协作的人生状态能否实现?在生活中,这样的典型还是有的。日本人的人生方式,就是个体与群体并重、竞争与协作结合。一个典型的日本人,不仅具有强烈的成就动机和竞争取胜的精神,而且同时又非常注重集体意识,善于合作与协调。这就是日本人的自我表现与自我克制统一的性格。美国历史学家埃德温·赖肖尔曾经赞扬日本人无疑比多数西方人具有更多的集体倾向，而且在互助合作的团体生活中形成了这方面的高超技能。但是，他又强调指出，日本人具有浓厚的个人意识，在个人从属于集体的同时，其他方面仍然保持着强烈的个性意识，顽强地表现自己，积极奋斗，干劲十足。

日本人曾经流行这样一句话："一个中国人可以干得过一个日本人，但三个中国人却干不过三个日本人。"这句话显然是说中国人有个人竞争和成功的能力，只是不善于集体协作，如果能取长补短、去粗存精，定会干出一番惊天动地的事业来。

3. 永远都坐在前排

保持"争做第一"的劲头，永远坐在前排，不要跟在任何人的后面，做一个领跑者，而不是一个跟跑者！

20世纪30年代，在英国一个不出名的小城镇里，有一个叫玛格丽特的小姑娘，自小就受到严格的家庭教育。

父亲经常向她灌输这样的观点：无论做什么事情都要力争一流，永远在别人前头，而不能落后于人。"即使是在坐公共汽车时，你也要永远坐在前排。"父亲从来不允许她说"我不能"或"太困难了"之类的话。

对年幼的孩子来说，他的要求可能太高了，但他的教育在以后的时间里被证明是非常宝贵的。正是因为从小就受到父亲的"残酷"教育，才培养了玛格丽特积极向上的决心和信心。在以后的无论是学习、生活或工作中，她时时牢记父亲的教导，总是抱着一往无前的精神和必胜的信念，尽自己最大努力克服一切困难，做好每一件事情，事事必争一流，以自己的行动实践着"永远坐在前排"。

玛格丽特在上大学时，入学考试科目中要求学五年的拉丁文课程，她凭着顽强的毅力和拼搏精神，硬是在一年内全部学完了，并且考试成绩名列前茅。她在体育、唱歌、演讲及学校的其他活动方面也都一直走在前列。当年她所在学校的校长评价她说:"她无疑是我们建校以来最优秀的学生,她总是雄心勃勃,每件事情都做得很出色。"

40多年以后,英国乃至整个欧洲政坛出现了一颗耀眼的明星,她就是连续4次当选保守党领袖,并于1979年成为英国第一位女首相,雄踞政坛长达11年之久,被世界政坛誉为"铁娘子"的玛格丽特·撒切尔夫人。

4. 竞争的规律

当今社会是一个提倡公平、文明、高层次竞争的社会,是一个以竞争为荣的社会。如果你是一个惧怕竞争的人,恐怕你将无法立足于社会,因为竞争是社会的一种客观存在,是人类社会的发展规律之一。从古到今、从自然到社会,无处不存在竞争,"弱肉强食,适者生存",这是自然界的规律,对人类社会有一定的意义。

实际上,竞争并不可怕,竞争有竞争的规律,只要认识、掌握了规律,就可以去正视它、接受它,并赢得竞争。其规律有:

(1) 不可免定律

所谓不可免,指竞争这种社会现象从古到今便存在于人类社会,人与人之间的竞争是必然的、不可避免的。

中国社会向来提倡忍让、和谐,但这并不能消灭竞争,而使竞争以其他形式反映出来,使竞争转向不公开的、不公正的、低层次的、有害的方面,如中国人的攀比心理,此外像吹牛撒谎、弄虚作假、尔虞我诈、落井下石都是一些不正当的负面竞争。

现代商品社会中的竞争,体现为激烈紧张有时甚至是残酷无情,但又极具有价值和意义。这种公正性的竞争使整个社会充满了生机和活力,使社会发展和进

好习惯是这样养成的

化。所以竞争是必然的，是社会前进的发动机，是社会发展的防腐剂。

正因为竞争的不可避免性，一个人才不应当惧怕竞争，因为即使早不参与竞争，晚也得参与竞争，不在高层次竞争，也得在低层次竞争。更何况，弱者的下层竞争也是很激烈、很艰难的。

一个人放弃竞争，无异于放弃自己，既对自己不利，对社会而言也是一大损失。

有些人很容易放弃竞争，承认失败，到最后心如死灰、无欲无求、安于现状、苟延残喘，只好做一个大家看不起、就连自己也难以满意的"人下人"。

要在事业上成功，就必须直面竞争，就像直面惨淡的人生。每个成功者的身后都留下了一串串竞争的脚印，付出了超乎常人的努力，才取得了成功。投入竞争的时间越晚就越被动，层次越低也就越激烈。

这个世界是一个强者的世界，既然人人都无法逃避竞争，不如挽起袖子、放开手脚，大大方方、认认真真地去投入竞争，这才是正确的人生道路。

（2）金字塔定律

通常情况下，最直接最剧烈的竞争是发生在同一层次同一行业的人之间。正像周瑜感叹"既生瑜，何生亮"一样，因为两个人层次、能力、地位大致相当，所以二人的竞争就更加激烈。

竞争的具体情况是这样的：当竞争拉开了

差距，竞争形成了层次，社会人才结构就像一座正立的金字塔，居于较高层次者处于较为有利的地位，有着更多、更好的出路和更大、更优、更宽的选择。

同等条件下，怎样才能判断人能力的大小、高低、强弱、优劣？那就要看谁比别人能做更多、更难、更好的事情。就像跳高一样，只有你一个人跳过2.50米的横杆时，冠军自然非你莫属。要成为事业中、竞争场上的佼佼者，应该具有"略胜一筹""技压群芳"的才能。

人的能力是千差万别的，正是这种能力上的差别才造就了竞争中的金字塔定律。

这个定律提醒人们，要成为成功者，就必须拥有过人的能力。在能力中最重要的便是一个人的智力，而在智力中，文化水平高低是区分一个人智力高低的一个决定性因素，文化水平越高的人自然就处在金字塔的高层。

假定每年的出生人口是两千万，每一个人就会面临着两千万同龄人的竞争。如果你是一千万个接受小学文化教育的人之一，你与另外一千万个文盲比起来更容易承担诸如写信之类的工作，依此类推，你最后成了每年一万个博士中的一员，那你成功的几率在两千万人中当然是很大的……

美国之所以发达、先进，就是它以优厚的工作和生活条件招徕世界上顶尖的科学文化人才为其服务，这也是其诺贝尔奖获得者居多的原因。美国对一般的移民条件极其苛刻，可美国的劳工部却对技术熟练的人，如电脑软件设计者大开绿灯……

所以这个定律告诉人们，要成为成功的竞争者，并不能只动嘴，同时应该行动。当然最好的行动即学习，去先进国家留学、去名牌大学上学，有被人认可的学历，同时再加上你的真本事，你就会处在金字塔的顶端，那时你就有"无限风光在险峰""一览众山小"的感觉，而一般人对你也有"望尘莫及"的感觉。

（3）金钥匙定律

人人都渴望着成为竞争中的大赢家，那个笑到最后的人，但是每个人都不禁要问：竞争成功的金钥匙到底在哪里？其实这把金钥匙就在你自己的手里，就在你自己的脚下。

你要成为一个什么样的人，你能成为什么样的人，这取决于你的性格。性格来自习惯，习惯来自行动，行动来自语言，语言来自思想，所以你的思想是你最

好习惯是这样养成的

大的财富。

美国宇航中心的门前矗立着这样的名言："只要我们能够梦想的，我们就能实现！"

在一个人的思想体系中，自信与否是竞争成功的关键要素。

诚然，在现实生活中，竞争并不全是公正的，首先人们竞争的起点就不太一样，并不像百米赛跑中的"飞人大战"，大家站在同一起跑线上，但也应认识到不平等中的平等：真理面前人人平等，知识面前人人平等，时间面前人人平等，死亡面前人人平等。

这足以加强一个人的自信心，提高自己、改善自己、丰富自己以达到最终发展自己。这个发展必须要有自信，然后就是艰苦地奋斗。

人生活在社会中，只有通过竞争才能求得自己的生存和发展，这是铁的定律。逃避竞争解决不了问题，害怕竞争也没有必要。只要你敢于竞争、勇于竞争，就会得到事业的成功。

5. 竞争的心态和策略

人的聪明才智和能力只有在与人竞争中才能发挥出来，而使我们变得更聪明、更能干的最佳途径莫过于参与竞争。

不争不斗，稳吃大锅饭，安睡太平觉的生活像一潭死水，是一种不正常的生活。人在这种生活里像老黄牛碾米一样，慢悠悠地转着。虽然也辛劳，一刻也未停止，却步履艰难而迟缓，因而效益甚微。它只会使人窒息，使人意志消沉而至堕落。那个样子打发一生，是人生莫大的悲哀。

你一定深深厌恶那种沉闷死寂的生活。

你是现代人，你便具有现代人的意识和现代人的生命冲动，其中突出之处在于欢迎竞争，积极投入竞争。

第十一章
培养孩子竞争的习惯

在竞争中,你并不注重对财富的拥有,也不过于计较竞争的结局,而更注重于生命运动本身,注重于竞争的过程,注重于在竞争过程中生命的感觉。生命的感觉常常压倒了对财富的占有,竞争的过程常常重于竞争的结局。

跟着感觉走成为现代人最普遍的心态,关注生命运动的过程而不在乎生命归宿何在,是现代人对生命的真正珍惜。

现代人的心灵里无时不在奔涌着参与竞争的欲望。无论什么方式的竞争,无论竞争对象是谁,竞争的具体内容怎样。总之,凡竞争都能强烈地激发你的生命冲动,只有在竞争中才能感觉到生命的存在,只有在竞争中才能感到自己活得充实而有意义,只有在竞争中才能真正实现自我。

无论什么方式的竞争,无论竞争的对象是谁,竞争的具体内容怎样,总之,竞争都是为了自己的感觉和利益而战胜对方、超越对方,你就在这种战胜和超越对方的竞争中得到心理的满足,实现生命的意义。

与人竞争,首先得具备良好的心理状态:必胜的信心和勇气。即使失败了也决不沮丧,只当做暂时的失利,随时准备下一轮夺魁。

肯尼迪家族的口号是:"不能甘居第二。"以这种必胜的竞技心理状态,约翰·肯尼迪在1961年竞选美国第35任总统时,击败了实力强大的尼克松。

乔治·大卫·伍兹在一家股票经纪机构当小职员时,便萌发战胜对手、一定要在华尔街这个世界金融中心争到一席之位的坚强信念,他时时刻刻保持着良好的竞技心理状态,终于脱颖而出,步步高升,直至跻身世界银行行长之职。

要在竞争中战胜众多的竞争对手,当然需要强大的竞争本领和出色的竞争技巧。

以公众的信誉和你本身强大的实力、出色的工作业绩和服务质量战胜对方。

不可抛弃社会公德,不可离开法律规范。任何以损害对方利益、搞阴谋诡计、投机钻营式的胜利都不是真正的胜利。那样的胜利也往往是暂时的、短命的,经不起长期反复的较量。

为了在竞争中获胜,当然不排除使用各种正当的竞争手段和技巧:

(1)知己知彼,避实就虚

一方面知道自己的长处和短处,同时也准确地了解对方的长处和短处,知道对方的强大处和薄弱环节。要想战胜对手,必须有意避开对手的长处而从他的薄弱环节开始突破。肯尼迪知道尼克松的声誉和影响,以及其竞争选票的主要集中在名人云集的首都华盛顿,相对而言,尼克松对其他各州的影响就小一些,并且对其他各州的选票抓得也不如华盛顿那么紧。于是肯尼迪不与尼克松在华盛顿竞争选票,而是把重点放在其他各州。1960年一年内,他乘飞机飞行6.5万英里,访问了24个州,发表演说350次。从而赢得了广泛的声誉,后来在选举中无疑获得了大量的州民选票。

(2)利用对方的矛盾

你要战胜竞争对手,有时并不需要直接耗损你自己,而只要去发现对方的各种矛盾纠葛,从而巧妙地利用那些矛盾,让对手自己去损伤和消耗自己。常言道"堡垒最容易从内部攻破",这是一种不战而胜的良好决策。

(3)欲擒故纵

为了战胜对手,首先故意把对手抬到高位,待他忘乎所以、得意忘形的时刻,你再出奇制胜,击倒他。

(4)看准时机后发制人

当你的竞争对手正春风得意蓬勃向上的时候,你暂时忍耐,不与他正面冲突,你只暗暗地蓄积实力,磨炼新招,以待时机。一旦发现他出现了失误或漏洞,你便及时地亮出自己的高招,一举击败对方,从而达到后来者居上的效果。

竞争的手段和技巧无穷无尽,靠你在与人竞争的过程中去不断地挖掘和发现。只是不要莽撞,也不要画地为牢,无论是思想方案的设计,还是具体的操作方式,都是如此。

人与人之间的竞争,个体之间或群体之间的竞争,过去、现在或未来的竞争,说到底都是智慧的竞争。只有智慧枯竭、知识贫乏的人才害怕竞争,也无法在竞争中取胜。所以,要想在竞争中立于不败之地,最根本的还是要充实自己的智慧。

无论你面对什么样的竞争,无论你所处的环境怎样的恶劣、于你不利,你都不要气馁,不要畏惧,你要相信自己,知识的不断更新和智慧的日益丰富,使你能够永远保持良好的竞技状态，永远都能参与竞争。只要你富有战胜对方的智慧，富有新鲜的知识，什么时候、什么环境之下你都能取得胜利。

甚至可以说，你总是能以良好的心态积极地参与竞争，这本身就是你的胜利。

6. 如何培养良好的竞争习惯

现代社会是一个充满竞争的世界，竞争在一定程度上使社会富有生命力。一个人只有在竞争中取胜，才能在事业上取得成功。那么，一个人在生活中该如何养成良好的竞争习惯呢？

（1）培养胆识

竞争需要胆识。胆，就是胆量，是一种精神状态，有胆，就是有敢为正义的事业奋不顾身、一往无前的精神，有了这种精神，人们就敢于冒险、勇于探索，在改革的洪流中迎难而上，开拓前进；识，就是见识、知识，是一种理性思维能力，有识，具体表现在有正确的方向，在任何时候、任何情况下都坚持社会主义方向，有较丰富的科学文化知识，见多识广，了解实际并能驾驭实际。

（2）要力戒嫉妒

要克服嫉妒心理，树立起"拼搏"的观念。具体地说，就是要把机会看做是一个开放的环境，而不是封闭的泥潭，要有敢于竞争的勇气和信心。力戒嫉妒心，因为嫉妒既会扼杀别人，也会扼杀自己，两败俱伤，对己对人都是有害无益的。

（3）要克服自卑感

这是竞争取胜的保证。对存有自卑感的人来说，首先要正确认识自己。人的情绪情感是受环境因素、生理因素和认识因素制约的。其中认识因素起着关键的作用，它可以对自卑情绪进行调节和控制。所以，当我们在竞争中遭受挫折或失败时，就要认真总结经验，分析原因。认识愈深刻、愈全面，愈有利于情绪的良性调节和控制。在人的一生中，可能发生各种不愉快的事情，当竞争受挫不可避免或已经发生后，就应该为自己自卑的情绪寻找新的出路，决不能一直沉浸在过度的自卑中。重要的是，当因竞争受挫而产生自卑感时，要对受挫的原因进行认真分析，或者调整个人的竞争标准，或者寻求更有效的竞争方法，从而继续保持可贵的竞争热情，去争取新的胜利。

（4）要努力培养"努力达到最佳"的精神

拜倒在胜利者、强者、伟人的脚下无可非议；但对成功的羡慕，不应该转化成"高山仰止"般的自卑。应该相信自己同样能够在可能的范围内达到最佳，努力拼搏到最佳。当然这"可能的范围"一般来说，事先是难以预测的。所以只有在竞争中、在奋斗中，才可能达到最佳。如果一个人无所追求，一切知足，那也无所谓什么"达到最佳"的奋斗了。

要想培养竞争精神，就必须使自己投身于竞争的熔炉之中。早一天具备了竞争精神，就能早一天成为强者，早一天达到自己的"最佳"。

第十二章 培养孩子关注健康的习惯

好习惯 是这样养成的

1. 健康的身体是一切的基础

居里夫人有句名言："科学的基础是健康的身体。"她不仅自己注意锻炼身体，而且要求两个女儿也坚持"严格的知识训练和体格锻炼"，使孩子长大成才。她常带孩子去远足、游泳、爬山。后来，她的两个女儿都成为人才，大女儿还获得了诺贝尔奖。这种智体相长的例子是很多的。

牛顿幼年体弱多病，坚持从事务农和体育锻炼，身体越来越强壮，而有足够的精力进行科学研究，成为一代科学巨匠。弗兰西斯·培根在智体并重的教育熏陶下，后来成了现代实验科学的始祖。自1901年第一次颁发诺贝尔奖以来，获奖的325位科学家里面，就有不少体坛健将：密立根是网球运动员，康普顿热爱球类运动。丹麦杰出的物理学家居里斯·波耳年轻时是丹麦国家足球队的守门员，那时即使是在比赛时刻，一旦对方攻势减弱，他就蹲在球门前从事物理演算，后来人们评价，居里斯·波耳早期的足球成就可与其后期的物理成就相媲美。

从反面来看，只勤奋读书，但不注意体育锻炼，就会把身体弄垮。仅以俄国作家为例：杜勃罗留波夫死时26岁，别林斯基死时35岁，果戈理死时43岁，契诃夫死时44岁。这多么可惜啊！现在有的年轻学生，早晨不做早操，课外也不锻炼，还以为这就是节约时间，其实是得不偿失的。因为这样下去，就会由于脑子不听使唤而降低了学习效率，长此下去，甚至造成身体素质越来越差，神经衰弱越来越严重，视力不断减退。

赚钱可以说是人生中最大的快乐之一，它除了能够提供多数经营者主要的智力刺激和社会互动之外，还是许多经营者唯一能展露才能、竞争获胜并获得掌声的标准。拼命赚钱除了可以带来名声之外，还可带来财富、权力及擢升。但是，如果一个人真的把每一分钟清醒的时间都用来赚钱，而完全忽略自己的健康，那将是得不偿失的。因为，人不是那种只会干活不需要吃饭、睡觉和休息的机器。

第十二章
培养孩子关注健康的习惯

强健的心理、情绪与精神，都来自强健的身体。假如一个人想功成名就，第一步，就是要考虑健康问题。因此，在能够出人头地之前，首先需要学习的一个简单而重要的课题，就是让自己的体格强壮的能力。因为只有一个身体健壮的人，才能具有精明的脑筋和旺盛的精力。没有好的身体，在这个世界上，什么也别想实现。简单地说，身体健康是一个人获得成功的"硬件"，一个人成功的基础是身体健康。通过体育锻炼和良好的饮食，才能有聪明睿智的脑子。

可现代大多数人最容易犯的一个毛病，就是对于已经拥有的东西不怎么珍惜，而对于将要失去的却常想挽留，这一点在对待健康方面体现得最为明显。当一个人无病无灾时，他总觉得自己是"铁打"的机器人，可以不吃不喝一天干它24个小时。这种情况多体现在年轻力壮的青年人身上，因为年轻，他们不懂得爱惜自己的身体，天天为赚钱而奔波，在商场里逐鹿争雄，总想着出人头地。不过，当到了一定的岁数，精神和体力都会明显衰退。到了百病缠身时，他们可能要花大量的时间用来休养，花无数的金钱进行治疗。其实，如果在年轻时就注意对自己身体的保养，也可能用不了多少时间和金钱，就会拥有一个强健的体魄。

虽然都市人的寿命在统计数字上看，确实是随着医疗条件的改善而有所延长，但是人的健康状况却并不怎么如意。许多现代"文明病"随着超负荷的工作压力、食物添加剂、空气污染、环境恶化等，而死死地"缠"住人类。

比如说，交通拥挤、工作上的明争暗斗、没完没了的超负荷工作，都会令人情绪紧张和呼吸急促，造成内分泌失调，可能患上诸如便秘、痔疮等疾病，进而使人情绪不安、暴躁。据有关资料显示，很多疾病是与人的情绪有直接关系的，这些疾病包括糖尿病、忧郁症、关节炎、腰酸背痛、高血压、哮喘、头晕目眩、心律不齐、综合疲劳症等。

其实，健康就是财富，我们千万不要为了追求其他而忽略了自己最大的财富——健康。做人除了要懂得给自己减压之外，及时进行适当的治疗，注意日常保健也非常重要。食物方面，我们不妨多选取一些新鲜的东西，不含添加剂和色素

者为佳。像罐头、方便面、饮料、巧克力等，都不会给人带来健康的身体和需要的营养，我们尽量少吃或不吃。

只要合理安排，注意健康与一个人的工作和事业丝毫不会产生矛盾，有时一个微小的举动或者一个很简单的改进，都会令我们享受到健康的快乐。当疲惫不堪时，与其勉强苦苦地硬撑着在那里学习，不如稍稍休息一下，然后再以充沛的精力投入学习，我们会发现这样做之后学习效率会更高。

知识链接

居里夫人

玛丽·居里（1867—1934），1867年11月7日生于华沙。世称"居里夫人"，全名玛丽亚·斯克沃多夫斯卡·居里。法国著名波兰裔科学家、物理学家、化学家。

1903年，居里夫妇和贝克勒尔由于对放射性的研究而共同获得诺贝尔物理学奖。1911年，居里夫人因发现元素钋和镭再次获得诺贝尔化学奖，因而成为世界上第一个两次获得诺贝尔奖的人。居里夫人的成就包括开创了放射性理论、发明分离放射性同位素技术、发现两种新元素钋和镭。在她的指导下，人们第一次将放射性同位素用于治疗癌症。由于长期接触放射性物质，居里夫人于1934年7月3日因恶性白血病逝世。

2. 健康和富足都是习惯的产物

有两个人，一个是体弱的富翁，一个是健康的穷汉。两人相互羡慕着对方。富翁为了得到健康，乐意出让他的财富；穷汉为了成为富翁，随时愿意舍弃健康。一位闻名世界的外科医生发现了人脑的交换方法。富翁赶紧提出要和穷汉交换脑袋。其结果，富翁会变穷，但能得到健康的身体；穷汉会富有，但将病魔缠身。

手术成功了。穷汉成为富翁，富翁变成了穷汉。

不久，成了穷汉的富翁由于有了强健的体魄，又有着成功的意识，渐渐地又积累起了财富。可同时，他总是担忧着自己的健康，一感到些许的不舒服便大惊小怪。由于他总是那样担惊受怕，久而久之，他那极好的身体又回到原来多病的状态，或者说，他又回到了以前那种富有而体弱的状况中。

那么，那位新富翁又怎么样了呢？

他总算有了钱，但身体孱弱。然而，他总是忘不了自己是个穷汉，有着失败的意识。他不想用换脑得来的钱相应地建立一种新生活，而是不断地把钱浪费在无用的投资里，应了"老鼠不留隔夜食"这句老话。钱不久便挥霍殆尽，他又变成原来的穷汉。然而，由于他无忧无虑，换脑时带来的疾病也不知不觉地消失了。他又像以前那样有了一副健康的身子骨。

最后，两人都回到了原来的模样。

这个故事告诉我们："健康和富足都是习惯的产物。"因此，为了身体的健康和生活的幸福，我们要养成关注健康的习惯。

3. 正确理解和把握健康的标准

身体是一个人赖以生存和生活的物质基础。离开了这一物质基础，就谈不上从事社会活动和改造自然的活动，更谈不上个人事业的成功。身体对每个人来讲，都是首要的，其健康状况直接关系到一个人的日常活动。因此，养成关注身体健康的习惯对一个人一生的影响是非常大的。

这里所讲的身体是指生理上的"身体"——这一概念和动手能力的有机结合体。生理学中的身体是指物质人体，而动手能力是这一物质人体所具有的基本能力。健康与不健康有什么差别，健康又有什么特殊的标准呢？一个完整的身体包括健全的身体、健全的大脑和完整的身体机能等几个方面。

（1）健全的身体

人体从外部来讲，分头部、躯干和四肢三大部分，从内部来讲，又分为器官、系统等等。只要这些生理部分不缺损，我们就认为是一个健全的身体。

（2）完整的机能

人的每一个器官、每一个系统，都有一定的功能，比如手，是用来参与社会实践的，需要推、拿、弹、提；脚，是用来走路的；眼，是用来观察自然现象的；而耳朵，则是用来听声音的……这些生理机能，如果没有缺乏，那就是具有完整的生理机能。

（3）健全的大脑

大脑，是人所拥有的最重要的物质器官，是人身体的重要组成部分，是人协调自身的各项机能和各项活动的中枢，也是处理人与人或人与自然之间矛盾的司令部。大脑的健全与否，直接影响人类的社会活动。

什么样的大脑才算健全的大脑呢？

这个问题是很难说清楚的，也没有一个明确的标准，但有几点一定要具备才行：

①记忆能力

很多现象和情景是可以再现的，类似的情景再现时，就需要准确的记忆和判断，来帮助人改善自然。

②贮存能力

与记忆很相似，许多不同的情景再现后，大脑可以按条理或按某一规律，把它们一一刻痕在一定的部位进行贮存。

③思维能力

这是大脑健全的一个最主要的标志。在物质和意识的关系中，物质决定

意识，而意识对物质又具有能动作用。这个能动作用，就是通过人的大脑对各种现象的比较和归纳、思维，最后总结出某些规律，再把这些规律运用来指导实践。这其中重要的一个环节就是思维。

④分辨能力

分辨能力在有些地方又叫判断能力，也是思维的一个方面。

大脑只要具有上述这四种能力，特别是思维能力，就可称为是一个健全的大脑。

（4）健康的精神

良好的身体，不仅包含强健的体格，还包含有健康的精神。只有精神健康的人，才会不断地战胜自己、创造机遇，把自己的事业推上成功。

一个精神健康者，应该具有如下特征：

①诚实

说话做事光明磊落，从不模棱两可或用谎言欺骗人，也从不欺骗自己。人就应该做生活的强者，要么活得轰轰烈烈，要么活得平平淡淡，无论什么样的生活，都能显示一个真实的"自我"。

②自尊

具有健康精神的人是非常有自尊的，他们不喜欢生活在别人的阴影之下，他们希望靠自己的奋斗、自己的能力，拼搏出一块属于自己的天地来。因此他们不断地学习，补充自己的能量，坚持奋斗在事业的第一线，不断地超越自我。这样的人，有良好的人际关系，但决不依赖别人，他们具有自己的价值观和世界观，也尊重别人的价值观和世界观。

③自立

具有健康精神的人，在生活中从不处于被动地位，他们不会因为别人的鼓励而改变思想，也不会因为别人的憎恨而停止实践，他们会在自己的信念下，用自己的方式，坚定不移地完成自己的事业。

④充满活力

精神健康的人，休息时间似乎比别人少得多，但他们精神饱满，富于激情，任何时间都有事可干，大部分时间都在工作中度过。他们做事，从不疲倦，而且能发挥自己的能量，具有超人的毅力，也从不因工作而累坏身体。在生活中，他们总是充满朝气，永不厌倦。

⑤热爱生活

精神健康的人，总是以饱满的热情投入到生活中去，认真地完成自己的工作，正确面对现实。用愉快的心情、积极的努力来改变现实，从中获得乐趣，享受生活。

⑥风趣、幽默

精神健康的人，是一个心胸宽广、乐观活泼的人。在生活中，总是以风趣、幽默来代替呆板、乏味，从而激发人的活力，消除人与人之间的隔阂。他们会创造一种乐观向上的生活局面，激励人在逆境中奋进。和这样的人一起生活，身边的人也会被感染上活力，会觉得生活更快乐。

⑦善待失败

一个人的一生，不可能总是由成功铺满，肯定会有许多失败做先导。如果不能正确对待失败，人就要再次走向失败。

精神健康的人，不怕失败，认为失败是暂时的，是成功的前奏，他们善于在失败中寻找教训、获得经验，然后再征服失败。同时他们认为，所谓的成功，只不过是别人的评价而已，完全不影响自己的价值。从另一个方面来讲，失败又是人生价值的一种体现。

⑧勤勤恳恳

精神健康的人，能正确地看待个人与他人、个人与社会的关系，能把自己放在一个正确的位置上，踏踏实实，不怕吃苦，勤勤恳恳地奋斗，一步步地接近自己的目标，从不好大喜功、华而不实。

⑨勇于探索

精神健康的人，始终保持着一颗年轻的心，对未来好奇、向往，追求真理。他们不会在乎前进中会有多少挫折，更不会被困难所吓倒，他们凭着对真理的追求，披荆斩棘。对什么事情，他们都要亲自去试一试，找到答案。

⑩向往明天

精神健康的人，不会悔恨过去，他们清楚地知道，过去的已经过去，面对过去的失败，悔恨是无用的，只有在失败中找出教训，才能有益于成功。

精神健康的人，也不会忧虑未来。未来是一个未知数，为未来而忧虑，是毫无意义的。

4. 积极进行健康管理

良好的健康，并不仅仅指避免早逝等。许多和压力有关的疾病，并不一定会置人于死地，例如关节炎、哮喘、溃疡、结肠炎、糖尿病、湿疹、偏头痛等等都是。其中一些疾病，是由身心问题引起的，这就是说，心理上的失常，会在生理上表现出来。除了生理疾病以外，还要能控制情绪和精神痛苦，才算是健康。情绪方面的疾病像焦虑、恐惧、惊惶、生气、怨恨、厌恶、罪恶感、无助感、不适宜的感觉，都跟任何生理疾病一样会对人造成伤害。

健康管理是自我发展中很重要的一环。如一些做生意的人时常应酬吃饭，吃得太多，或者把失意闷在心中，免得示弱，其实这样对他们自己没有一点好处，而且是给他人立下了坏榜样，等于鼓励别人损害自己的健康，对自己、对他人、对生意都不好。

这些坏习惯通常很难戒除。那么我们该怎么办，才能积极进行健康管理，养成健康的习惯呢？

（1）认清影响健康的因素

压力和坏习惯会造成健康问题。有时候我们会这样想，压力造成的疾病，是追求成功的人士才有的问题。其实完全不是这么回事，生活中所有的人都一样受到压力。
不良的生活环境、单调的生活、负担过重、过高的目标、高品质的标准、严密的监督，以及生活中其他许多层面都可能造成压力。

若想革除有害的习惯，以健康的

好习惯是这样养成的

习惯来代替，关键就在于认知事实，就是要知道自己到底有哪些坏习惯。

（2）相信自己能控制自己的健康

有些人不承认自己会生病，这样的人也常常会觉得对自己的健康无能为力。这是种很常见的命定论："如果我注定要完蛋，再怎么担心也没有用。"自我管理的哲学中，可千万不能有这样的想法！这样的态度是很愚蠢的，因为虽然我们改变不了天生的资质，我们的生活方式和所做的事情，还是会影响到我们的健康，我们能控制的并不少。

（3）要能让自己过得快活

我们对于自己的坏习惯，往往会很固执，不愿意放弃。"除此以外，我就没有什么其他的娱乐了。"我们通常会这样说。其中有大部分原因是，我们没有让自己过得快活一点，甚至不知道我们有时候需要过得快活一点。男人似乎对这一点有特别的感受。大多数的人认为，真正的男人不会纵容自己长时间泡在浴缸的热水中，不肯让自己休息半天时间，不肯穿自己喜爱的衣服，不肯拿半小时的时间来读一本好书，真正的男人应该要能忍受厨房中的热气，要能忍受到热死人的程度。其实，男人们完全可以让自己改变一下，让自己过得快活一点，这是戒除坏习惯不可或缺的一环，也只有这样才能保持健康。

（4）争取别人的支持

　　这是养成健康习惯的又一个主要步骤。这是因为，假使其他人不是站在我们这边，很可能就会拖我们的后腿。有些人喜欢逼人家喝酒、抽烟，这些人也在寻求伙伴，只不过是自我毁灭的伙伴！倘若我们希望戒除自我毁灭的不良习惯，养成新的、健康的习惯，那么最好是能找到支持我们的人。

5. 合理饮食应该注意的问题

　　所谓合理的饮食，即适宜自己的膳食，不吃或尽量避开"减寿食品"，以及适当地增加具有抗癌、防癌功能的食物。

　　合理饮食的结构和内容，首先是指摄取的食物多品种、多成分以及它们在数量上的合理搭配；其次是避开"减寿食品"。具体应注意以下问题：

好习惯是这样养成的

（1）避免单调的饮食

人体的蛋白质是由二十多种氨基酸组成的，其中十多种在体内可生成，另外还有八种在体内不能生成，我们称其为必需氨基酸，必需氨基酸只能依靠外来食物供给。

为了同时获得品种齐全和数量成比例的八种必需氨基酸，以便有效地合成人体的蛋白质，最好每日之内摄取的食物多样化。否则，单食某种动物或植物蛋白质，所得的若干种氨基酸往往因相互比值不当（对人体而言）而不能有效地参与人体内蛋白质的合成。

（2）保持多品种多成分的膳食

人体是一个极其复杂的有机整体，除需要蛋白质以外，还因其有神经、循环、呼吸等系统，需要更多不同种类的营养成分。为了让机体获得所需的营养成分，在可能的条件下，每天摄取的食物至少应达到15个品种：

①粮食 2~3 个品种：如米、面或玉米（或豆类及其他杂粮）；

②油脂 2 个品种：如动物油、植物油（花生油、豆油等）；

③蛋白质 4~5 个品种：如肉（瘦肉、鱼等）、豆制品、奶制品等；

④蔬菜 4~5 个品种（包括葱、蒜、香菜等调味品）；

⑤水果 2 个品种以上。

（3）多食用富含水分的食物

如果我们想过生龙活虎的日子，那么唯有多吃富含水分且新鲜的食物，尤其是生菜沙拉和水果，我们才会过得更健康、更有活力。

由于水果容易消化，且供应大量的精力，所以是最佳的食物。

吃水果一定要在空腹的时候。为什么呢？原因是水果的消化不在胃里而在小肠。当水果进入胃后没几分钟便进入小肠，在那里水果才释放出果糖来。若水果和肉、马铃薯及其他淀粉类食物一起混在胃内，便容易发酵。

（4）一日三餐，合理安排

合理饮食的安排，就是将一日三餐饮食的内容尽可能地符合正确膳食的要求。对于某种疾病患者，还可以选取某些食物作为辅助性的"食疗"之用。

①主食的安排

主食安排的基本原则是：以少食精白细粮（如精米、精粉等）而多食营养价值较高的粗粮和杂粮、豆类的混合食物为宜。

②副食的安排

副食的合理安排，就是动植物蛋白质、油脂、蔬菜和水果等的合理搭配。过多偏食荤油或素油，都不利于人体的健康。只有荤素油脂合理搭配、混合进食，才能"扬长避短""互补有无"，而充分发挥各自的营养价值和生理作用。

③注意饭量

我国古人在很久以前就提出了"早饭宜好、午饭宜饱、晚饭宜少"的养生格言。现代营养学家提倡"三餐饮食量的分配为"早餐占全天总量的35%，午餐占40%，晚餐占25%"，也正是对这一原则的进一步具体化。

④定时

定时是指一日三餐有较为固定的进食时间。因为有规律地进食，可以保证消化器官有规律地运转，便于食物在体内有条不紊地消化、吸收和营养的输送。根据我国膳食结构及饮食习惯，早餐最好安排在7点左右，午餐以12点左右为宜，晚餐宜在晚上6点左右。

6. 讲究用脑的卫生有利于健康

由于大脑的复杂性，所以至今我们对大脑的了解还十分肤浅。尽管如此，有一点还是肯定的，即大脑是物质构成的，它与其他物质一样，必然有它自身的活动规律。因此，我们一定要按照那些已经了解的用脑规律进行学习，才能一方面提高学习效率，一方面保证大脑的健康发展。

不按照用脑的规律学习，或者说，学习时不讲究用脑的卫生，轻则使学习效率下降，重则导致很多心理疾病的发生，如各种神经官能症，严重影响了学习的正常进行。

那么，应该怎样讲究用脑的卫生呢？

好习惯是这样养成的

（1）保证脑细胞的"物质供应"

大脑的神经细胞在进行正常活动时，新陈代谢十分旺盛，所以要消耗大量的能量。

大脑的重量只占体重的2%，而耗氧量却占了全身耗氧量的20%，当大脑积极活动时，耗氧量将达到全身耗氧量的33%。大脑神经细胞除了需要得到大量氧气外，还需要从血液中源源不断地得到葡萄糖的供应，血液中葡萄糖的浓度达到0.1%时，大脑神经细胞才能在氧化分解葡萄糖的过程中得到生命活动所需的能量。当然脑细胞在新陈代谢过程中，成分要不断地得到更新，同时不断地得到必需的其他营养物质。

懂得了这些，就不难理解为什么全身有1/5的血液专门供应给大脑了。大脑的血液供应不足，血液中的葡萄糖含量低于0.1%，血液中的氧气含量偏低，都会使大脑神经细胞的工作效率下降。在一般情况下，脑神经细胞一分半钟得不到氧气，人就会失去知觉，若五六分钟得不到氧气，神经细胞就会死亡。

总之，要想使学习能正常地、高效率地进行，就必须保证脑细胞的正常"物质供应"，即葡萄糖和氧气等物质的供应。

具体应注意如下几点：

①不要不吃早饭，在饥饿状态下学习

有些人习惯于不吃早饭。由于处在饥饿状态中，脑细胞所需要的葡萄糖就只能来自肝脏中贮存的肝糖，这样就很难满足脑细胞的需要。脑细胞正常活动所需要的能量因缺少葡萄糖而不能得到满足，大脑的神经细胞就逐渐走向抑制，或者

说休息状态,工作或学习时就会无精打采,注意力无法集中。为了保证在整个上午的工作和学习过程中脑神经细胞能源源不断地得到充足的营养物质,为了不让饥饿感分散上课时的注意力,一定要吃好早饭。

②不要在饭后马上学习

人体内血液的分配一般和器官系统的活动状态相一致。饭后,消化系统在消化和吸收上的负担很重,流经消化系统的血液量增加,脑的血流量相对下降,脑神经细胞的功能状态也自然要差一些。饭后立刻学习爱发困大概就是这个缘故,这表明饭后立即学习,不仅学习效率低,还会影响消化系统的正常功能,天长日久还可能引起消化不良等胃肠疾病。

③尽量在新鲜的空气中学习

在空气污浊的环境中学习,时间一长就常常产生哈欠不止、头脑昏沉的现象,学习效率自然很低。

道理很简单,不通风透气,室内含氧量就会下降,二氧化碳含量则会上升,细胞进行生命活动所需要的氧气就会供应不足,葡萄糖的氧化分解受到影响,脑神经细胞所需能量得不到保证,导致大脑的功能减弱,学习效率也必然下降。

因此,在学习时要注意休息,尽量开窗,有机会就到室外散散步呼吸点新鲜空气,使人体得到充分的氧气供应。

(2)保证大脑的休息

保证大脑的休息,这是使大脑神经细胞发挥正常功能的必要条件,休息的方式主要有以下几种:

好习惯是这样养成的

①睡眠休息法

睡眠是各种休息中最重要的一种方式。睡眠时，大脑基本上处于停止工作的抑制状态，即休息状态，经过睡眠后，可使疲劳的大脑重新恢复正常的功能，从而保证了大脑的健康。睡眠不好，脑的功能就会下降，严重的还会引起各种疾病。

经过充足的睡眠，起床后感到精神饱满，学习效率大大提高，这是大脑神经细胞机能状态较好的表现。中学生每天睡眠时间以保持在八小时或九小时为宜。

②交替活动休息法

有意识地变换活动内容和学习内容，不单调地、长时间地从事一项学习活动。这样，就可以保证大脑皮层的细胞轮流休息和工作，从而使工作效率提高，不易出现疲劳现象。

具体做法是学习活动和体育活动交替进行。例如课间打打羽毛球，下午课后锻炼一小时，这样在学习时基本上处于休息状态的躯体运动中枢开始"工作"起来，而与学习活动有关的神经中枢就处于抑制状态，得到了休息。这种休息叫积极的休息，既锻炼了身体，又使学习后疲劳的大脑得到了休息。

除此以外，也要交替安排不同性质的学习内容。交替学习不同功课，要比连续学习同一门功课效果好。

（3）学习生活要有规律

如果把一天的学习、工作、劳动、锻炼、娱乐和睡眠等时间做出科学的安排，然后严格地执行，经过一段时间，前面的活动刺激就很容易成为后面活动的信号，建立起条件反射，使大脑皮层各区域的兴奋和抑制，或者说工作和休息比较协调、有节奏。到一定时候就能入睡，到一定时候就能醒来，坐下来就能很快地进入学习状态……使学习生活的安排建立在科学用脑的基础上，长期这样有规律地生活，让各种活动的变换达到自觉的地步，就可以减轻大脑的负担，保证大脑的健康，大大提高学习的效率。